新时代科技特派员赋能乡村振兴答疑系列

XINSHIDAI KEJI TEPAIYUAN FUNENG XIANGCUN ZHENXING DAYI XILIE

循环种养知识有问必答

XUNHUAN ZHONGYANG ZHISHI YOUWEN BIDA

山东省科学技术厅
山东省农业科学院　　组编
山　东　农　学　会

张　伟　王金良　主编

中国农业出版社
农村读物出版社
北　京

图书在版编目（CIP）数据

循环种养知识有问必答 / 张伟，王金良主编 .—北京：中国农业出版社，2020.7
（新时代科技特派员赋能乡村振兴答疑系列）
ISBN 978-7-109-27042-8

Ⅰ.①循… Ⅱ.①张… ②王… Ⅲ.①生态农业—问题解答 Ⅳ.①S181-44

中国版本图书馆 CIP 数据核字（2020）第 119484 号

中国农业出版社出版
地址：北京市朝阳区麦子店街 18 号楼
邮编：100125
责任编辑：廖　宁
版式设计：王　晨　　责任校对：吴丽婷
印刷：北京万友印刷有限公司
版次：2020 年 7 月第 1 版
印次：2020 年 7 月北京第 1 次印刷
发行：新华书店北京发行所
开本：880mm×1230mm　1/32
印张：2.5
字数：100 千字
定价：15.00 元

本书编委会

主　编：张　伟　王金良

副主编：王长法　齐鹏飞　蒋海涛　姜慧新　黄迪海

参　编（以姓氏笔画为序）：

王怀中　王金鹏　刘文强　刘国利
刘桂芹　李玉华　李建斌　朱明霞
朱曼玲　杨宏军　张　燕　张瑞涛
柴文琼　黄金明

序 PREFACE

农业是国民经济的基础，没有农村的稳定就没有全国的稳定，没有农民的小康就没有全国人民的小康，没有农业的现代化就没有整个国民经济的现代化。科学技术是第一生产力。习近平总书记2013年视察山东时首次作出“给农业插上科技的翅膀”的重要指示；2018年6月，总书记视察山东时要求山东省“要充分发挥农业大省优势，打造乡村振兴的齐鲁样板，要加快农业科技创新和推广，让农业借助科技的翅膀腾飞起来”。习近平总书记在山东提出系列关于“三农”的重要指示精神，深刻体现了总书记的“三农”情怀和对山东加快引领全国农业现代化发展再创佳绩的殷切厚望。

发端于福建南平的科技特派员制度，是由习近平总书记亲自总结提升的农村工作重大机制创新，是市场经济条件下的一项新的制度探索，是新时代深入推进科技特派员制度的根本遵循和行动指南，是创新驱动发展战略和乡村振兴战略的结合点，是改革科技体制、调动广大科技人员创新活力的重要举措，是推动科技工作和科技人员面向经济发展主战场的务实方法。多年来，这项制度始终遵循市场经济规律，强调双向选择，构建利益共同体，引导广大科技人员把论文写在大地上，把科研创新转化为实践成果。2019年10月，习近平总书记对科技特派员制度推行20周年专门作出重要批示，指出“创新是乡村全面振兴的重要支撑，要坚持把科技特派员制度作为科技创新人才服务乡村振兴的重要工作进一步抓实抓好。广大科技特派员要秉持初心，在科技助力脱贫攻坚和乡村振兴中不断作出新的更大的贡献”。

山东是一个农业大省，“三农”工作始终处于重要位置。一直以来，山东省把推行科技特派员制度作为助力脱贫攻坚和乡村振兴的重要抓手，坚持以服务“三农”为出发点和落脚点、以科技人才为主体、以科技成果为纽带，点亮农村发展的科技之光，架通农民增收致富的桥梁，延长农业产业链条，努力为农业插上科技的翅膀，取得了比较明显的成效。加快先进技术成果转化应用，为农村产业发展增添新“动力”。各级各部门积极搭建科技服务载体，通过政府选派、双向选择等方式，强化高等院校、科研院所和各类科技服务机构与农业农村的连接，实现了技术咨询即时化、技术指导专业化、服务基层常态化。自科技特派员制度推行以来，山东省累计选派科技特派员2万余名，培训农民968.2万人，累计引进推广新技术2 872项、新品种2 583个，推送各类技术信息23万多条，惠及农民3亿多人次。广大科技特派员通过技术指导、科技培训、协办企业、建设基地等有效形式，把新技术、新品种、新模式等创新要素输送到农村基层，有效解决了农业科技“最后一公里”问题，推动了农民增收、农业增效和科技扶贫。

为进一步提升农业生产一线人员专业理论素养和生产实用技术水平，山东省科学技术厅、山东省农业科学院和山东农学会联合，组织长期活跃在农业生产一线的相关高层次专家编写了“新时代科技特派员赋能乡村振兴答疑系列”丛书。该丛书涵盖粮油作物、菌菜、林果、养殖、食品安全、农村环境、农业物联网等领域，内容全部来自科技特派员服务农业生产实践一线，集理论性和实用性为一体，对基层农业生产具有较强的指导性，是生产实际和科学理论结合比较紧密的实用性很强的致富手册，是培训农业生产一线技术人员和职业农民理想的技术教材。希望广大科技特派员再接再厉，继续发挥农业生产一线科技主力军的作用，为打造乡村振兴齐鲁样板提供“才智”支撑。

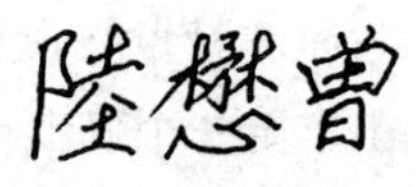

2020年3月

前言 FOREWORD

党的十九大报告指出，农业农村农民问题是关系国计民生的根本性问题，必须始终把解决好“三农”问题作为全党工作的重中之重，实施乡村振兴战略。实施乡村振兴战略就是要实现“产业兴旺、生态宜居、乡风文明、治理有效、生活富裕”。乡村振兴需要通过大力发展现代种养业来改变以往的传统模式，逐步向现代化、科学化、生态化、创新化转变，从而提高农民群众的获得感、幸福感、安全感。新时代的乡村振兴工作干部应该积极宣传和推广现代种养业的理念和技术，深入推进农业供给侧结构性改革，加快农业现代化建设，走出有特色的现代农业发展之路。

为了落实党中央、国务院关于实施乡村振兴战略的决策部署，为新时代下农业高质量发展提供强有力的支撑，山东省科学技术厅联合山东省农业科学院和山东农学会，组织相关力量编写了“新时代科技特派员赋能乡村振兴答疑系列”丛书之《循环种养知识有问必答》。本书共分三章，内容涵盖循环农业、饲草栽培及加工技术、牛羊驴养殖技术。全书内容的组织安排体现了一定的基础性和系统性，以利于乡村振兴工作干部更好地理解和掌握现代种养业的基本概念和方法。

本书的编写本着强烈的敬业心和责任感，广泛查阅、分析、整理了相关文献资料，紧密结合实践经验，以求做到内容的科学性、实用性和创新性。在本书编写过程中，得到了有关领导和兄弟单位的大力支持，许多科研人员提供了丰富的研究资料和宝贵建议，还做了大量辅助性工作。在此，谨向他们表示衷心的感谢!

由于时间仓促、水平有限，书中疏漏之处在所难免，恳请读者批评指正。

编 者

2020年3月

目录 CONTENTS

第二章 饲草栽培及加工技术

第三章 牛羊驴养殖技术

第一章 循环农业

1. 什么是循环农业?

循环农业是以资源的高效循环利用为核心，在保护农业生态环境的基础上，优化调整系统内部结构及产业结构，利用现代高新技术提高农业生态系统物质和能量的多梯级循环利用，最大限度地减少对外界环境的污染，实现提高资源利用效率的一种农业生产方式。通俗地讲，就是在农业生产系统中协调推进各种有效资源往复多层次循环利用，以此实现资源综合利用、节能减排与增收增效的目的，最终实现农业的可持续高质量发展。

循环农业作为一种环境友好型农作方式，具有较好的社会效益、经济效益和生态效益。循环农业有 3 个显著特点：一是“减量化”，资源节约，尽量减少进入生产过程的物资投入量，尤其是控制化肥农药的使用，减少排放。二是“再利用”，提高利用效率，减少一次性污染，让土壤、耕地和水资源得到保护和可持续发展利

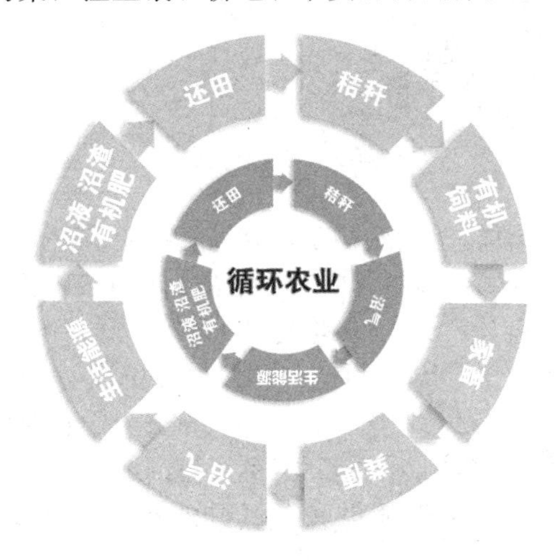

用。三是“再循环”，多层次资源化利用，农产品加工后废弃物变成再生资源再利用，实现农业内部生产资源和生产方式的闭环循环。以“低消耗、低排放、高效率”为基本特征的循环农业，是一种符合经济可持续发展理念的模式。这种模式，相对于“大量生产、大量消费、大量废弃”的传统牧业增长模式来说，是一个根本性的变革。

2. 什么是循环种养？

循环种养是通过产业化经营的方式将与种植和养殖相关联的产业紧密结合起来，使养殖规模与消纳土地相匹配，实现相关排放物的循环再利用并保障农畜产品供应。循环种养发展模式是现代农业产业体系调整的必要产物和发展趋势，如牧草种植与牧场养殖结合，实现草-畜对接，去除中间环节，降低了牛、羊、驴等草食动物的养殖成本。

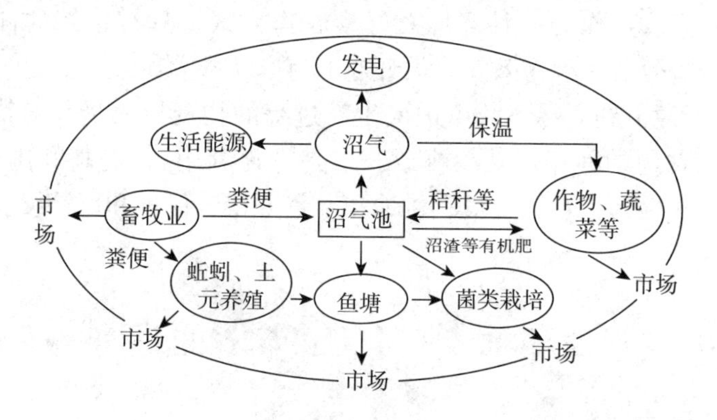

随着我国现代饲养技术的进步，畜牧业取得了巨大的发展。2019 年，我国肉类、禽蛋和牛奶产量分别为 7 649 万吨、3 309 万吨和 3 201 万吨，人均占有量均超过世界平均水平，基本满足了人们对于畜禽产品的需求。但是，动物疫病、兽药残留以及加工过程中的二次污染等问题，成为畜禽产品质量安全的巨大隐患，而且生态系统的平衡十分脆弱，养殖污染的环境问题严重。目前，我国每年规模畜禽养殖化学需氧量和氨氮排放量占农业源排污总量的

95%和76%，畜禽养殖产生的粪污仍有40%没有得到有效处理和利用。粪污利用的前提是种养平衡，种养是否平衡一般通过耕地畜禽承载量进行评价。

耕地畜禽承载量计算方法：$L_R = O_R / S$

式中，L_R 为耕地畜禽实际承载量（生猪当量/公顷）；OR 为生猪当量（头）；S 为耕地面积（公顷）。

根据生猪当量产氮量系数折算，换算比例为一头奶牛折算为28.59头猪，一头肉牛折算为19.14头猪。

通过循环种养发展模式，既满足了动物对于优质青饲料的需要，又增加了土壤的有机质含量，提高了土地产出率，最终提高了经济效益，减少了农业废弃物的排放，可谓一举数得。

3. 什么是环境承载力？

环境承载力又称环境承受力，是指在某一时期内，某种环境状态下，某一区域环境对人类社会、经济活动的支持能力的限度。环境承载力状况主要包含几个方面：一是对土壤环境造成的影响，如畜牧业生产过程中产生的大量畜禽粪污超出土壤可承载能力，因过量堆积危害土壤结构，导致土壤的生产能力下降，影响所种植农作物产量和品质。二是对水源造成的影响，养殖粪污如果不经无害化

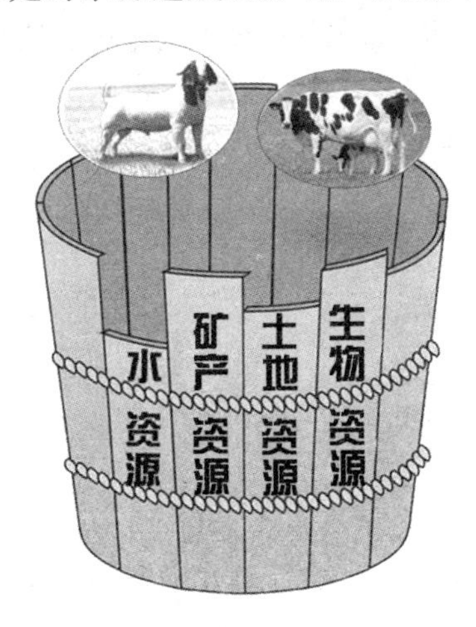

处理直接排放，将污染水体，导致水质富营养化，同时病原微生物也会借此途径进行传播。三是对大气造成的影响，养殖业产生的氨气具有碱性和腐蚀性作用破坏生态环境，此外，养殖过程中还会产生 H_2S、NO_2、CO 等大量有毒有害气体，导致人体中毒，降低牲畜生长速度、饲料利用率和抵抗力，造成养殖户的经济损失。

4. 我国与畜禽废弃物资源化利用的相关法律法规有哪些？

在法律层面上，我国主要有 11 部法律法规与畜禽养殖污染防治相关，按照实施时间依次是：2003 年 3 月 1 日起施行的《中华人民共和国农业法》；2005 年 4 月 1 日起施行的《中华人民共和国固体废弃物污染环境防治法》；2006 年 7 月 1 日起施行的《中华人民共和国畜牧法》；2008 年 6 月 1 日起施行的《中华人民共和国水污染防治法》；2009 年 1 月 1 日起施行的《中华人民共和国循环经济促进法》以及 2012 年 7 月 1 日起施行的《中华人民共和国清洁生产促进法》；2014 年 1 月 1 日起施行的《畜禽规模养殖污染防治条例》；2015 年 1 月 1 日起施行的《中华人民共和国环境保护法》；2015 年 4 月 24 日修正的《中华人民共和国动物防疫法》；2016 年 1 月 1 日起施行的《中华人民共和国大气污染防治法》；2018 年 1 月 1 日起施行的《中华人民共和国环境保护税法》。

有关畜禽养殖粪污防治主要文件有：国务院印发的《循环经济发展战略及近期行动计划》（国发〔2013〕5 号）、《关于推行环境污染第三方治理的意见》（国办发〔2014〕69 号）和俗称“水十条”的《水污染防治行动计划》（国发〔2015〕17 号）。关于畜禽养殖粪污防治的主要文件有：2003 年实施的《畜禽养殖业污染物排放标准》和 2002 年实施的《畜禽养殖业污染防治技术规范》、《关于打好农业面源污染防治攻坚战的实施意见》（农科教发〔2015〕1 号）、《农业部关于促进南方水网地区生猪养殖布局调整优化的指导意见》（农牧发〔2015〕11 号）、《农业部办公厅关于印发畜牧业绿色发展示范县创建活动方案及考核办法的通知》（农办牧〔2016〕17号)、《全国生猪生产发展规划(2016—2020年)》(农牧发〔2016〕6号)、《洞庭湖区畜禽水产养殖污染治理试点工作方案》(农办牧〔2016〕19号)、《土壤污染防治行动计划》(国发〔2016〕31号)、《关于推进农业废弃物资源化利用试点的方案》(农计发〔2016〕90号)、《中华人民共和国固体废物污染环境防治法》、《农业部关于认真贯彻落实习近平总书记重要讲话精神加快推进畜禽粪污处理与资源化工作的通知》(农牧发〔2017〕1号)、《农业部关于印发〈开展果菜茶有机肥替代化肥行动方案〉的通知》(农农发〔2017〕2号)、《农业部办公厅关于印发〈2017年农业面源污染防治攻坚战重点工作安排〉的通知》(农办科〔2017〕8号)、《农业部关于实施农业绿色发展五大行动的通知》(农办发〔2017〕6号)、《关于做好畜禽粪污资源化利用试点工作的预备通知》(农财金函〔2017〕22号)、《国务院办公厅关于加快推进畜禽养殖废弃物资源化利用的意见》(国办发〔2017〕48号)、《农业部关于印发畜禽粪污资源化利用行动方案(2017—2020年)的通知》(农牧发〔2017〕11号)等。以上文件对养殖场所的管理原则、排污标准和污染防治技术等都进行了详尽的细化标准论述,应当成为畜禽养殖污染治理、保护农村生态环境的重要法律规范。

5. 畜禽废弃物资源化利用的相关政策性支持资金有哪些?

我国政府部门持续加大对畜禽产业的资金扶持力度,启动并建设多个相关项目促进畜禽业良性发展,以期减少对环境的污染。

(1)建设沼气项目 2001年,中央财政设立了农村能源项目补助资金,对沼气工程在内的农村小型公益能源设施建设等给予部分财政补贴。2003年,中央财政又专设了针对我国农村沼气建设的国债项目,其中对农户建设沼气项目单元的补助标准为:东北、西北地区1 200元/户,西南地区1 000元/户,其他地区800元/户,小型沼气工程10万元/处。国家通过规划设计、技术指导、项目推进等方式逐步重视畜禽养殖废弃物治理,并取得了一定的治理效果。

（2）集约化畜禽养殖污染防治专项资金 2003年，此项目针对中西部地区大型集约化畜禽养殖业（以畜禽存栏数计：牛200头以上、羊9 000只以上），防污治污项目资金补贴范围包括企业采购防污治污设备、贷款贴息及利用环保新技术。

（3）标准化畜禽养殖小区试点项目 2006年，中央财政安排专项资金，在山西、黑龙江、浙江、山东、河南、四川、陕西7个省选择20个畜禽养殖小区，实施标准化畜禽养殖小区建设试点，重点支持奶牛和生猪养殖小区建设粪污处理设施，普及环保的粪污治理技术。主要内容为“三改”“两分”“再利用”。设计并建造粪污无害化处理设施，可对固体粪污采取静态发酵堆肥技术，对液体粪污使用田间利用模式，还可以将这两种模式优化组合。该项目提供补贴的小区标准为存栏奶牛500头或者日产固体粪污10吨，资金标准为70万元/小区。

（4）中央农村环保专项资金环境综合整治项目 2009年，为有效解决农村突出环境问题，改善农村环境质量，中央财政设立了农村环境保护专项资金环境综合整治项目，主要为环保基础设施建设使用，这些设施可以保障养殖小区粪污可被综合利用、排出的废水可达限定标准。该专项资金同时补贴小型环境综合整治项目（以村为单位），单独村镇申请专项资金原则上限额为100万元。小型环境综合整治项目，其资金组成方式为中央财政拨款、地方配套资金与自筹资金三方，这三方投入比例应依照申请当地经济水平与财政能力确定。

6. 养殖场产生的粪污如何进行干湿分离?

干湿分离，简单说就是把牲畜的粪便和污水分开。一般是干清粪模式，干清粪主要有两种设计方案。

（1）地面斜坡干清粪 利用地面斜坡使粪便和污水固液分离，干粪由刮粪板或人工收集、清出，污水从下水道进入污水收集系统进行处理。研究表明，干清粪比传统的水冲粪和水泡粪工艺分别减少猪场的污水排放量60%～70%和40%～50%。

（2）漏缝地板干清粪 设置漏缝地板使粪便和污水进入栏舍集污沟，集污沟有单独的通风巷道，最大限度地避免了粪污发酵产生的恶臭气体对圈舍的污染。本方案不需要冲洗圈舍，便于粪便的收集，做到干湿分离，大大降低了废水产生量。目前，漏缝地板已被现代集约化高床养殖场广泛采用。

7. 养殖场如何进行雨污分流？

养殖场根据自身场地情况，设置相应的雨水收集渠道，保证雨水不进入污水收集管道。畜禽养殖场雨污分流处理是指将雨水和污水分别用不同的管道输送，其中雨水可以通过雨水管网直排，污水需要通过污水管网收集进行处理，水质达标后再排。养殖场实行雨污分流，可大大减少养殖污水的排放。污水收集管道可根据实际情况选择建设方式：一是砌明沟，挖沟后用砖铺砌，上面覆盖板防止雨水流入。二是铺设污水管道用大口径管道，每隔一段距离需设置一块可开启的盖板，便于污水管道堵塞时疏通。一般砌明沟的建设成本比铺设管道低。畜禽粪尿通过污水管网收集后进入沼气工程或者粪污存储池，进行厌氧发酵处理，使之变废为有机肥。

8. 畜禽粪便进行肥料化处理有哪些方式？

肥料化是目前应用最为广泛的一种畜禽粪便处理模式。主要有两种方式：一是采用传统填土堆肥方式，将畜禽粪便简单成堆自然沤制成农家肥或者直接施用于农田。二是将畜禽粪便肥料化利用，畜禽粪便经生物技术发酵处理，生产成便于运输和储存的有机肥。利用畜禽粪便原料生产有机肥的工艺主要包括好氧堆肥发酵工艺和有机肥制肥工艺，有固体粪便堆肥发酵、液体肥料化、固液全效还田等利用为主的模式。通过施用畜禽粪便与秸秆混合生产的有机肥，可促进土地改良和绿色有机食品产业的发展。

9. 什么是有机肥料？

有机肥料是在畜牧业生产过程中产生的副产物，是农业生产所需的重要肥料来源。有机肥料的优越性：一是土壤肥力提升的主要物质基础，增加土壤的有机物质。二是有机肥料对土壤结构，土壤中的养分、能量、酶、水分、微生物活性等有十分重要的影响。三是有机肥料含有植物生长所需的大量营养成分。四是畜禽粪便中带有动物消化道分泌以及微生物分解产生的各种活性酶，有利于提高土壤的吸收性能、缓冲性能和抗逆性能。但是有机肥料也存在一些问题，如养分不易分解，可能存在一些病原微生物或混入某些毒物或有害重金属，影响农作物质量安全。

畜禽排泄物数量大且养分丰富，成为我国最大的有机肥资源。据《中国畜禽产业可持续发展战略（畜禽养殖卷）》有关畜禽产品的预测需求量，根据各畜禽品种的存栏量和出栏量，估计 2020 年和 2030 年我国畜禽粪便产生量将分别达到 28.75 亿吨和 37.43 亿吨。从结构来看，2030 年肉牛和奶牛粪便产生量将超过其他畜禽粪便产生量，成为我国畜禽粪便产生量最大的两个畜禽品种。

10. 什么是沼气？

沼气是有机质在一定水分、温度、酸碱度等条件下，处于隔绝空气状态，通过微生物（主要有发酵性细菌、食氢产甲烷菌等）发酵作用产生的一种可燃气体。沼气的组成中可燃成分包括甲烷、硫化氢、一氧化碳和重烃等气体；不可燃成分包括二氧化碳、氮和氨等气体。其中，甲烷含量为 55％～70％、二氧化碳含量为 28％～44％、硫化氢含量为 0.034％。

在厌氧条件下通过细菌分解有机物质、生物化学发酵产生沼气的过程叫沼气发酵，其发酵过程可分为三个阶段：一是液化阶段，发酵性细菌菌群利用它所分泌的胞外酶，把禽畜粪便、作物秸秆等大分子有机物分解成能溶于水的小分子物质（单糖、氨基酸、甘油和脂肪酸等）。二是产酸阶段，发酵性细菌将小分子化合物分解为乙酸、丙酸、丁酸、氢和二氧化碳等，再由产氢产乙酸菌把其转化为产甲烷菌可利用的乙酸、氢和二氧化碳。三是产甲烷阶段，利用不产甲烷菌群所有分解转化的甲酸、乙酸、氢和二氧化碳小分子化合物等生成甲烷。

11. 沼气在循环种养农业中的作用是什么？

沼气可用于加热、储粮、发电等多项生活、生产活动；沼气发酵的残余物沼液和沼渣中的氮、磷等养分则极易被植物直接吸收，可促使植物快速增长，改善蔬菜、水果的品质。经腐熟无菌优质的有机肥料，肥效可提高约 20%，碱解氮含量提高约 40%，长期施用可有效改良土壤结构，增加土壤保肥保水能力，促进土壤团粒结构形成，有效提高土壤温度和土壤有机质含量，使土壤无板结。沼液和沼渣以沼气为纽带将养殖业和种植业紧密结合起来，从而实现农村和农业废弃物的循环利用。

12. 建造沼气池的注意事项有哪些？

沼气池的种类有水压式、旋流布料式、强回流式、曲流布料式、浮罩式等多种形式。建造时应注意以下事项：一是对于开挖的直壁池坑，可利用池坑壁作外模，由小到大，逐步修整；对于支撑圆筒形沼气池的池墙、池拱顶和球形、椭球形沼气池的上半球的内膜可采用钢模、木模或砖模。二是新拌制混凝土的坍落度应控制在 4～7 厘米，混凝土浇捣采用螺旋式上升的程序浇捣混凝土，一次浇捣成型。三是注意在平均气温高于 5℃的条件下进行自然养护，外露的现浇混凝土应加盖草帘浇水养护 1 周以上。四是拆卸侧模时混凝土的强度不低于混凝土设计标号的 40%，拆卸承重模时混凝土的强度不低于混凝土设计标号的 70%；五是回填土时应以好土对称均匀回填，分层夯实，拱盖上的回填土必须等混凝土达到 70%的设计强度后才可以进行。

13. 如何实现源头减量化技术？

畜禽粪便污染产生的源头是饲料，因此，要通过平衡日粮营养，从源头减少饲料的摄入量，提高畜禽对饲料的利用率，降低粪污排放量，并采用合适的清粪模式，减轻畜牧业粪污污染程度。源头减量技术可从以下方式实现：一是研制出生态、生物饲料，改进饲料加工工艺（如粉碎、混合、制粒及膨化等过程），提高畜禽对饲料营养物质的利用率，从源头控制污染物的介入和减少污染物的排放，解决畜禽粪便对环境的污染问题。二是在饲料中加入添加剂（如添加淀粉酶、α-半乳糖苷酶、纤维素酶、β-葡聚糖酶等饲料酶制剂），以增加饲料中蛋白质的消化吸收并减少臭气排放。通过补充动物体内的消化酶的分泌不足或提供动物体内不存在的酶，来提高饲料的消化率。如畜禽对植酸磷中的磷利用率极低，日粮中添加植酸酶可将饲料中的植酸磷水解释放出动物可以利用的磷，从而使以前直接经粪便排泄的磷被消化、吸收、利用。日粮中添加尿酶抑制剂可提高氮的利用率，使尿素降解减少，氨气的释放量减少。有试验证实，将奶牛日粮的磷水平从 0.48%降低至 0.38%，可减少 25%～30%的磷排出量，同时施进土壤中的磷量减少 25%～30%。因此，降低奶牛日粮的磷水平，不仅可降低饲料成本，又可减少对环境的污染及减少粪便处理的费用，对奶牛生产者来说可谓一举两得。

14. 粪污无害化处理及资源利用途径有哪些？

（1）肥料化技术 肥料化技术是一种处理有机废弃物的科学合理的手段，将粪便堆积存放，然后根据粪便数量的多少掺入适量的秸秆和高效发酵微生物以调节粪便中的碳氮比，然后对水分、温度、酸碱度等因素进行有效控制产生发酵。肥料化是目前应用最为广泛的粪污处理模式，畜禽粪便几乎包含了植物生长的所有必需养分，还含有硼、锰、钴、铜等微量元素。不仅可以增加土壤中有机质含量，促进土壤微生物繁殖，改良土壤结构，提高土壤肥力，还可以显著提高农作物的产量。

（2）饲料化技术 畜禽粪便中粗蛋白、钙、磷等含量丰富，有很高的营养价值，是用来养蚯蚓及蝇蛆的理想基质，但含有许多有害物质，如重金属、抗生素、激素和各种药物残留物等，需要经过高温、膨化等无害化处理后才能够用作饲料。

（3）基料化技术 经过干湿分离后处理的畜禽粪便当作培养基使用，用来种植草菇、香菇等食用菌，以实现无害化处理的目的。试验表明，在草菇培养基中添加10%的畜禽粪便堆肥产物，可使首茬出菇产量提高24.4%。

（4）能源化技术 对畜禽粪便采用厌氧发酵为中心的能源环保技术进行资源化处理，可以缓解我国正面临的资源短缺问题。粪污能源化利用产生的气、电成本较高，与天然气、大电网相比缺乏竞争力，目前在沼气工程商业化运行方面，投资大，安全风险高，但随着技术的进步，能源化利用将是主要方向之一。

15. 牛粪无害化处理方法有哪些?

目前，牛粪主要有发酵法、分解法、干燥法等处理方式，无害化处理和综合利用是预防和消除牛粪污染的关键。其中，发酵法是将一些微生物制剂或酶制剂等添加到牛粪中，连同农作物秸秆、草料或其他饲料一起进行青贮处理，在适当的温度下发酵，所获得的产品用作饲料。分解法是使用低等动物如苍蝇、蚯蚓或蜗牛来分解粪便，提供动物蛋白，并且可以消耗粪便。例如，用牛粪制培养基饲养蚯蚓，1 立方米 30～40 千克培养基可得到蚯蚓 15 000～20 000 条。干燥法是将新鲜牛粪单独发酵或者加入一定比例的麸皮混合进行发酵，然后利用相关设备进行干燥、除臭、灭菌等，晾干，压碎后将其混合到其他饲料中。

16. 羊粪无害化处理技术有哪些?

羊粪中富含粗纤维、粗蛋白、无氮浸出物等有机成分，是一种速效、微碱性肥料，具有肥分浓厚、肥力持久的特点，适于各种土壤施用。目前，羊粪的无害化处理技术主要有以下几种。

（1）腐熟堆肥处理技术 将羊粪与垫料、秸秆、杂草等有机物混合、堆积，相对湿度控制在 65%～75%进行发酵、分解，转化为无臭、完全腐熟的活性有机肥。将羊粪中有机质和营养元素转化成性质稳定、无害的有机肥料，添加不同比例的无机营养成分，制成不同种类的复合肥或混合肥。

（2）羊粪沼气技术 在厌氧环境中，羊粪有机物质通过微生物发酵作用产生沼气。产生沼气的同时，粪水中的大肠杆菌、蠕虫卵等被杀灭，发酵的残渣可作农作物的肥料，因而生产沼气既能合理利用羊粪，又能防止污染环境，是规模化羊场综合利用粪污的最好形式。

（3）生物学处理羊粪技术 将羊粪与垫草混合堆成高为 50 厘米左右粪堆，浇水，堆藏 3～4 个月，直至 pH 达到 6.5～8.2，粪内温度 28℃时，方可引入蚯蚓进行繁殖，消除有机废物的同时可以产生多种副产品，不仅具有环保价值，而且具有经济价值。

17. 驴粪的资源化利用途径有哪些？

驴是单胃动物，由于对饲料的咀嚼不如牛细致，对饲料中脂肪的消化能力仅相当于反刍动物的60%。驴粪中以纤维素、半纤维素含量较多，驴粪的质地粗，疏松多孔，水分易蒸发，含水分少。驴粪中含有较多的纤维分解菌，是热性肥料，施用驴粪可以改善黏土的性质。驴粪含有机质21%、氮0.4%～0.5%、磷0.2%～0.3%、钾0.35%～0.45%。

将驴场的粪便收集后，经过堆肥发酵进行有机肥的制作。可采用连续发酵技术，利用各种微生物的活动来分解驴粪中的有机成分，同时利用微生物发酵技术将驴粪经过多重发酵，使其完全熟腐，并彻底杀死有害病菌，使粪便成为无臭、完全腐熟的活性有机肥，从而实现驴粪的资源化、无害化、减量化的目的，解决养殖场因粪便所产生的环境污染。

18. 肉类加工企业的污水处理技术有哪些？

肉类加工行业所产生的大量废水，约占全国工业废水排放总量的6%，成为我国最大的有机污染源之一。肉类加工企业废水常见处理技术如下。

（1）物理化学处理技术 采用气浮、碱性水解或酶水解、混凝处理等物理化学方法。虽然此方法的去除率高且操作简便，但其只是将污染物从废水中转移到其他介质中，并没有从根本上去除污染物。

（2）生物处理技术 主要包括厌氧工艺、好氧工艺以及人工湿地等，利用微生物去除屠宰废水中有机物和病原体的废水处理方法，其BOD去除率可达90%。

（3）生物/物理-生物组合工艺 BCO-混凝沉淀、一体式厌氧-好氧固定膜反应器、ABR-循环活性污泥系统（CASS）、ABR-AF、ABR-二级BCO、水解酸化-CASS、厌氧-缺氧-好氧折流生物反应器、水解酸化-两段式 SBR 等工艺。肉类加工废水属于高氮高磷高有机废水，其中富含蛋白质、油脂及各种致病菌，因此，必须经过预处理。

19. 屠宰场产生的废弃物如何处理？

屠宰企业在加工过程中会产生的大量污水、屠宰处理残渣等废弃物，目前处理屠宰场废弃物的关键环节有以下几方面。

（1）废水污染处理 可厌氧生物处理和好氧生物处理相结合，利用微生物代谢作用把废水中的一些病原微生物、寄生虫卵及有机污染物、无机微生物转化为稳定、无害的物质。

（2）废气污染处理 屠宰企业产生的废气主要包括待宰圈、屠宰废弃物堆积地及冲洗废水处理地产生的 NH_3、H_2S 等气体，可使用脱硫、除尘设备对废气进行处理，使用净化器对废气进行处理。

（3）固体废物处理 固体废物主要包括畜禽在待宰圈期间产生的粪便，屠宰生产过程中产生的碎骨肉、畜禽血和屠宰加工产生的副产物等，对其分别制成工业油、蛋白饲料和肉骨粉等产品。固体废物畜禽血也可以将其制成血粉出售，既可减轻污染，又能产生经济效益。

（4）屠宰残渣处理 长时间滞留的胃内容物会腐烂、变质，造成大量细菌和病毒繁殖，使水源和空气受到严重污染。可以利用厌氧细菌将胃内容物废弃物部分进行厌氧发酵从而产生沼气，部分发酵残渣还可以作为有机肥进行再次利用。

20. 养殖业废弃物的危害及处理的模式有哪些？

养殖业废弃物主要包括畜禽养殖过程中产生的粪尿、污水、污物以及病死畜禽尸体等。如果不加处理直接排入环境，可能使地下水层中有过量的硝酸盐，使周围环境孳生大量苍蝇，污染环境。养殖业废弃物如果进行循环种养，就可成为一项重要的有机肥资源。因此，做好养殖业废弃物的处理与利用工作，能有效控制或消灭畜禽废弃物中的病毒、细菌和微生物，净化传染源，能够有效促进种养结合、减轻养殖环保压力，实现物质与能量在动植物生产过程中的循环利用，保障畜产品的质量安全。目前，养殖业废弃物的处理主要有3种模式：养殖场-农田模式、养殖场-化肥生产企业-农田模式、养殖场-能源企业模式。3种模式均以“生态补偿”的形式进行，实现养殖场废弃物的循环利用，符合生态农业、可持续发展的根本要求，也是降低生产成本、提高经济效益的一条捷径，是畜禽废弃物资源化利用的根本出路。

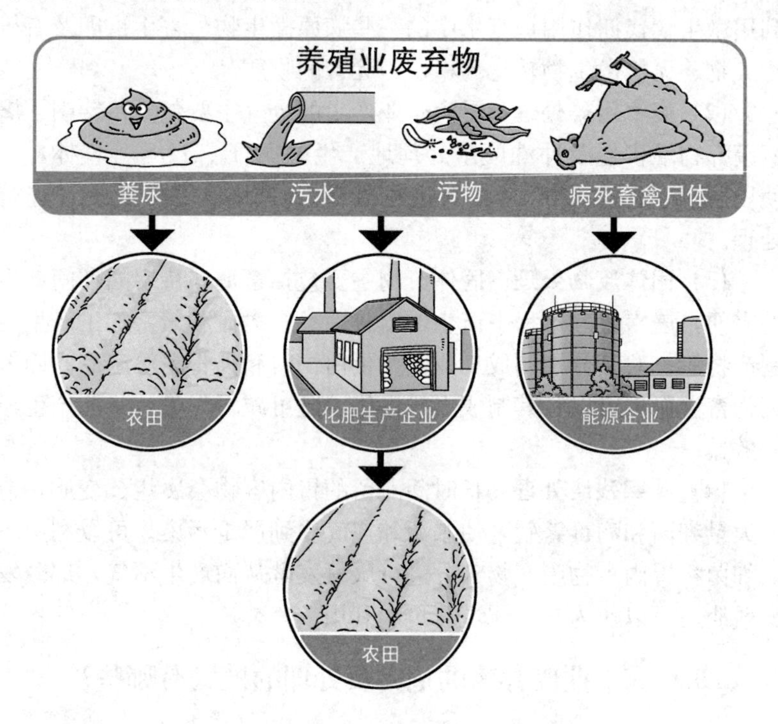

21. 种养加类农业企业常见的合作经营模式是什么？

目前种养加类农业企业常见的3种合作经营模式：一是非股权非委托型合作经营模式。合作企业之间不涉及股权、委托代理关系，仅仅通过合约签订合作，这种合作方式企业之间始终处于既合作又竞争状态。二是对外委托合作经营模式。农业企业可委托拥有相关核心能力的企业进行生产，委托方有较高的资产专用性，在农业技术方面的应用较多，如养殖企业委托饲料加工企业生产特定的饲料。三是股权型合作经营模式。农业企业合资建立新的企业，每个企业都可以通过向合资企业提供激励来促进合资企业的经营。

第二章 饲草栽培及加工技术

22. 常见的饲料可分为哪几种?

饲料主要指的是农业或畜牧业饲养的动物的食物。市场上饲料的种类有很多，既可按成分分类，又可按原材料分类。

(1) 按成分分类

①含大量淀粉的饲料。由含大量淀粉的谷物、种子和根或块茎，如谷物、马铃薯、小麦、大麦、豆类等组成。这类饲料含蛋白质少，主要通过多糖来提供能量，适用于反刍动物如牛、羊等。

②含油的饲料。由含油的种子，如油菜、大豆、向日葵、花生、棉籽等组成。工业榨油后剩下的渣含油量依然很高，可以作为饲料，尤其饲喂反刍动物非常好，被广泛使用。

③含糖的饲料。主要是以甜高粱秸秆（糖度为18%～23%）为代表的秸秆饲料或颗粒饲料，动物适口性普遍很好。

④含蛋白的饲料。主要是以蛋白桑为主的植物蛋白饲料，蛋白桑的植物蛋白达到28%～36%，富含18种氨基酸，是替代进口植物蛋白的最好原料。

⑤青饲料。含大量碳水化合物，其中的营养物质较多。如杂草主要含碳水化合物，蛋白质含量为15%～25%，而玉米的淀粉含量为20%～40%，但蛋白质含量则少于10%。青饲料可以新鲜饲喂动物，也可以晒干后保存饲喂。

(2) 按原材料分类

①粗饲料。指干物质中粗纤维的含量在18%以上的饲料，主要包括干草类、秸秆类、农副产品类以及干物质中粗纤维含量为18%以上的糟渣类、树叶类等。

②青饲料。指自然水分含量在60%以上的饲料，主要包括牧草类、叶菜类、非淀粉质的根茎瓜果类、水草类等。

③青贮饲料。指将含水量为65%～75%的青饲料粉碎后，在密闭缺氧的条件下得到的饲料，包括水分含量在45%～55%的半干青贮饲料。

④能量饲料。指干物质中粗纤维的含量在18%以下，粗蛋白质的含量在20%以下的饲料，主要包括谷实类、糠麸类、淀粉质的根茎瓜果类、油脂、草籽类等。

⑤蛋白质补充料。指干物质中粗纤维含量在18%以下，粗蛋白质含量在20%以上的饲料，主要包括植物性蛋白质饲料、动物性蛋白质饲料、单细胞蛋白质饲料等。

⑥矿物质饲料。工业合成的或天然的单一矿物质饲料，多种矿物质混合的矿物质饲料，以及加有载体或稀释剂的矿物质添加剂预混料。

⑦维生素饲料。指人工合成或提纯的单一维生素或复合维生素，但不包括某项维生素含量较多的天然饲料。

⑧添加剂。指各种用于强化饲养效果，有利于配合饲料生产和储存的非营养性添加剂原料及其配制产品，主要包括各种抗氧化剂、防霉剂、黏结剂、着色剂、增味剂及保健与代谢调节药物等。

23. 有哪些牧草资源?

牧草适口性好、含有丰富的优质蛋白和动物骨骼生长所必需的磷、钙及维生素等，是家畜日粮组成的重要部分。

根据植物学分类，牧草可分为禾本科、豆科、菊科、莎草科、藜科和十字花科等。栽培的牧草主要为禾本科和豆科，禾本科有甜高粱、黑麦草、燕麦草、墨西哥玉米草等。豆科有紫花苜蓿、三叶草、红豆草、桂花草等。牧草收割后可鲜饲，或调制干草和青贮饲料，也可直接放牧。如常见的狼尾草，具有抗旱、抗盐、耐湿、无病害发生、对土壤条件要求不严、生长迅速等优点，鲜草中粗脂肪、粗蛋白、粗纤维、无氮浸出物和灰分的含量高，营养丰富，是一种优质饲草，为牛、羊、驴等动物喜食。

24. 紫花苜蓿栽培应该注意哪些问题？

紫花苜蓿是多年生豆科牧草，具有耐寒、耐瘠薄、适应性强的特点，其产量高、草质优、饲用价值高，被称为“牧草之王”，是引草入田的首选牧草。种好紫花苜蓿应注意以下几个问题。

（1）选地和整地　土层深厚、平坦排水良好的中性、微碱性土壤为佳，低洼易涝、酸碱度过大的土壤不宜种植。整地是种植苜蓿的关键环节，由于苜蓿种子小、幼苗顶土能力弱，且苗期生长缓慢，如整地不平整细碎容易造成缺苗和断垄。酸性土壤可在整地时施加石灰以降低土壤酸性，贫瘠的土壤可在整地时基施有机肥或磷钾肥。

（2）田间管理　播种前种子要经过精选，去掉杂质和草籽等，纯度要求在95％以上。苜蓿的播种期因各地的自然条件不同很难一致，播种可采用条距25～30厘米，每10条间距70厘米的条播种，也可采用垄距65～70厘米、垄宽50厘米的垄播种方式。为防止水土流失，应在春夏过后开荒翻耙，来年早春顶浆打垄，并进行镇压保墒。要及时除草，及时追肥和施肥，第2～6年每年用叶面肥追1～2次肥，及时排水和灌水，保证土壤的湿度。

25. 甜高粱栽培应该注意哪些问题?

甜高粱生长能力强，喜温暖，具有抗旱、耐涝、耐盐碱等特性，对土壤的适应能力强，对生长环境要求不严格，在多数半干旱地区均可生长，特别是耐盐碱能力比玉米强（pH5.0～8.5）。甜高粱是主要的饲用作物之一，含糖量比青贮玉米高2倍，无氮浸出物和粗灰分均比玉米高。栽培好甜高粱应注意以下问题。

（1）选择国家审定登记品种，以适应当地气候、土壤条件，且与当地种植制度相匹配的优质高产、高抗品种为佳。

（2）不宜重茬，与大豆、玉米等轮作为宜。依据品种生育期、地温和土壤墒情适时播种，一般耕深25厘米，行距50～60厘米；亦可宽窄行种植，宽行行距70～80厘米，窄行行距40厘米。

（3）根据品种特点、当地生态、生产条件、土壤肥力、施肥管理和种植习惯等确定基本苗，粒用高粱亩* 基本苗一般为0.8万～1.2万株，亩播种量为1.5千克左右。

（4）甜高粱分蘖能力较强，会导致主茎分蘖长，消耗养分，延长主茎的生育期，造成主茎细软、晚熟等不良后果，一般2～3叶时间苗，4～6叶时定苗，结合定苗在3株以上去除分蘖，促使单株壮苗；除草可结合间苗和中耕，进行2次。施肥要增施基肥，施足种肥，适时追肥。

---

* 亩为非法定计量单位，1亩≈667平方米。

(5) 对于常见病虫害(丝黑穗病、螟虫、蚜虫、黏虫),除选用抗病品种外,还应因地制宜地通过轮作倒茬、种子处理、适时播种及喷施适宜药剂等措施防治。

26. 小黑麦栽培应该注意哪些问题?

小黑麦属禾本科草本植物,适应性广,凡能种小麦的地方均可种植小黑麦。小黑麦耐旱、耐寒、耐瘠薄,生长快,分蘖再生能力强,叶量大,全年可收割2～3次,亩产鲜草10 000千克以上。鲜草打浆或切碎,配合其他饲料后可饲喂牛、羊等家畜,也可作为冬春青绿饲料,制成干草或草粉及颗粒饲料。如作为饲料添加剂与精饲料混合饲喂畜禽时,添加比例为15%～20%。其茎秆柔软,营养丰富,草质柔嫩,适口性好,是畜禽初冬早春的最佳牧草。

栽培技术要点:首先按播种小麦的要求进行整地,土壤细碎,灌足底墒水,施肥以基肥为主;以秋播为主,播期广,在北方地区7月下旬至10月底均为适宜播期,春播在2月下旬至3月中旬均可;条播、撒播均可,条播行距为15～30厘米,播深3～5厘米,播后需覆土镇压;撒播,播种深度4厘米左右。亩播种量为10千克。早春可适当追施一定量的尿素(每亩10千克),有灌溉条件的地方可冬、春各灌水1次。7月25日至10月5日播种的,冬前苗高达50～70厘米时,可刈割1次;若10月5日后播种的,一般冬前不刈割。但水肥条件好，也可在苗高 50 厘米时刈割 1 次；第二年 3 月上中旬即可开始刈割，可刈割 2～3 次，刈割时留茬 7～10 厘米，最后一次不留茬，齐地面割净。

27. 籽粒苋栽培应该注意哪些问题？

目前，苋属植物有 50 多种，既可饲用又可食用，籽粒苋（千岁谷、西黏谷、西风谷）为苋科一年生草本植物，是一种营养价值高、生物产量高且适应区域广的高产饲料作物。籽粒苋的茎、叶、籽实通常作为饲料，当株高 100 厘米左右时，可收割第一茬，留茬 30～40 厘米，使其从叶腋间发出侧枝，有利于再生，千万不能齐地面收割。根据水肥条件，1 年可收割 2～3 茬；当籽实成熟后，适时将果穗割下，再齐地面收割，在田间晾晒 1～2 天，茎叶含水量降低到 70%左右时，铡碎青贮；收获籽实后的干茎叶及籽实脱粒后的茎秆，经干燥打成草粉，可混拌精饲料进行饲喂。

栽培技术要点：可育苗移栽，也可直播，籽粒苋生育期 105～135 天，播种期应在地温 16℃以上，东北地区宜 5 月上中旬播种，在干旱地区也可夏播，即 6～7 月雨季播种；籽粒苋种子特别细小，拱土能力弱，必须精细整地。要选择土层在 20 厘米以上、肥力较高、有机质含量丰富的地块。直播地块在苗高 8 厘米左右时，及时间苗定苗，株距 10～15 厘米，苗期中耕除草 2～3 次，在株高

100～150 厘米时，适时蹚垄培土，在铲后蹚垄前，追施氮肥，可提高产量。

28. 白三叶栽培应该注意哪些问题？

白三叶为豆科三叶草属多年生草本植物，喜温暖湿润气候，生长适宜温度为 15～25℃，每年可刈割多次，每亩可产鲜草2 500～3 000 千克，其茎细软，叶量大，营养丰富。据测定，初花期刈割粗蛋白可高达 24.7%，能满足高产奶牛 65%的营养需要，是牛、羊等草食家畜的优质饲草。白三叶适应性较广，耐热抗寒性较强，且耐阴、耐湿，常作为果园草种植。白三叶对土壤要求不严，排水良好的土壤皆能生长，尤其适于种植在富含钙质及腐殖质的黏质土壤中。白三叶具有一定的耐瘠薄和耐酸性，在土壤 pH 为 4.5 时仍可生长，但耐盐碱能力差。

栽培技术要点：在黄淮海地区春季和秋季均可播种，以晚夏至早秋播种为宜，更晚播种容易造成苗期冻害。春播应在 3 月上旬进行，稍迟就会受到杂草危害。单播时每亩播种量在 0.5 千克左右，行距 30 厘米，播深 1～1.5 厘米，不可播深。白三叶最适宜与黑麦草、鸭茅等混播，种子按 1∶2（白三叶∶鸭茅或黑麦草）比例混合，每亩地白三叶种子用量在 0.25 千克左右，种于林下、果园地等。苗期生长弱，要做好杂草防治，长成后具有较强的竞争力，杂草难以侵染。白三叶喜磷、钾肥，应根据土壤中磷、钾肥含量情况进行追施，并依土壤水分情况适时排灌。混播草地中禾本科牧草生长过旺时，应经常刈割，以利于白三叶的生长。

29. 柱花草栽培应该注意哪些问题?

柱花草又名巴西苜蓿、热带苜蓿，为豆科柱花草属多年生草本植物。原产于美洲的热带，最适生长温度为25～28℃，是我国亚热带地区的优良牧草。柱花草喜高温多雨气候，最适合种植在年降水量为900～4 000毫米的地区，怕霜冻，耐寒性差，但其适应性较强，病虫害较少，耐水涝，耐贫瘠，在强酸性土壤中生长良好，且能适应干旱和低肥力的土壤条件。柱花草是一种高产、优质的粗蛋白饲料，亩产干草在600千克左右，粗蛋白含量在10%以上，晒制成干草味道芳香，是牛、羊等草食家畜的优质饲草。也可加工成干草粉、干草捆，直接替代部分精饲料。

栽培技术要点：柱花草种子硬实率高，播前必须进行机械擦破种皮处理，或用80℃热水浸泡1～2分钟，以提高种子发芽率。播前翻耕整平地块，按每亩0.5千克的用种量进行条播，行距50厘米，播深1～2厘米。播种前施入种肥，每亩施过磷酸钙30千克。柱花草苗期生长缓慢，要加强杂草防控，一旦植株封行，则生长迅速。柱花草可与大黍、狗尾草等禾本科牧草混播，建植人工草地。

30. 羊草栽培应该注意哪些问题?

羊草又名碱草，为禾本科赖草属多年生草本植物，主要生长于北半球的温带和寒温带。羊草根部发达，能从土壤深处吸收水分和养料，耐寒、耐旱、抗沙，在零下42℃低温条件下仍能越冬，年降水量300毫米的地区生长良好，是寒冷风沙干旱地区的优势牧草。羊草对土壤要求不严，水淹易引起烂根，除低洼内涝地外，各种土壤中均可种植。抗碱性极强，在pH低于9.0、含盐量不超过0.3%、钠离子含量低于0.02%的盐碱土壤中生长良好。羊草既可放牧也可晒制干草，饲草产量中等，亩产干草可达 400 千克以上。羊草干草茎秆细嫩，叶量丰富，抽穗期粗蛋白含量可达 14.9%，是我国牛、羊、驴重要的冬春储备饲草。羊草干草适当搭配精饲料，每 10～13 千克可生产 0.5～0.6 千克牛肉或 7.5～10 千克牛奶。羊草草粉与米糠等制成颗粒饲料，饲喂猪、兔和鱼均可获得较高的经济效益。

栽培技术要点：羊草苗期细弱，播种前应结合整地灭除杂草。深翻 20 厘米以上，及时耙平压地。在春季或夏季以每亩 2.5～3 千克用种量、30 厘米行距播种，播前要对种子进行清洗，提高发芽率。羊草适宜与紫花苜蓿、野豌豆等豆科牧草混播，按 1∶1 比例隔行条播。羊草需肥多，必须施足基肥并及时追肥。基肥以有机肥为主，亩施 3 500～4 000 千克，翻地前均匀撒入。追肥以氮肥为主，根据土壤肥力情况适当搭配磷、钾肥，在返青后结合灌溉进行。生长期的羊草也要及时进行杂草防除，必要时可喷洒安全有效的除草剂。

31. 老芒麦栽培应该注意哪些问题?

老芒麦又名西伯利亚披碱草，为多年生疏丛型禾本科牧草，耐寒性很强，能耐零下 40℃低温，并可在年降水量为 400～600 毫米的地区旱作栽培。老芒麦草质柔软，叶量大，适口性好，消化率高，抽穗期粗蛋白含量可达 13.9%，是驴和牦牛的优质饲草，夏秋季对幼畜发育、母畜产仔和牲畜增膘都有良好的效果。老芒麦对土壤要求不严，能在瘠薄、弱酸、轻微盐渍化或富含腐殖质的土壤中生长。北方大部分地区，抽穗至始花期刈割，每年刈割 1～2 次，可亩产干草 400 千克左右。

栽培技术要点：播前深翻地块，每亩基施有机肥 1 500 千克，耙耱整平。春、夏、秋季播种均可，根据土壤墒情和灌溉条件确定播期。按行距 20～30 厘米条播，每亩播种量 1.5～2 千克。播种前需给种子去芒，确保撒种均匀。老芒麦适于粮草轮作或草草轮作，后茬作物以豆科牧草或一年生豆类作物为宜，也可与山野豌豆、沙打旺、紫花苜蓿等豆科牧草混播。

32. 披碱草栽培应该注意哪些问题？

披碱草为禾本科披碱草属多年生禾草，具有较强的抗寒、耐旱和抗风沙能力，目前，在东北、西北和内蒙古等地区的干旱草原有较大面积栽培，亩产干草 150～400 千克。披碱草叶量小，干草质量稍逊于老芒麦，抽穗期粗蛋白含量 11.65%。适时刈割，调制好的干草气味芳香，适口性好，牛、羊、驴均喜食，其草粉亦可喂猪。

栽培技术要点：披碱草春、夏、秋季均可播种，具体时间根据土壤墒情确定，如果是灌溉地可以春播。播前需要深耕 20 厘米以上，整平耙细。种子需要去芒，按照每亩 2～3 千克的播种量条播，行距 30 厘米，播后覆土 2～4 厘米，镇压。可与无芒雀麦、苇状羊茅等禾本科牧草混播，或与沙打旺、草木樨等豆科牧草混种，也可与燕麦和莜麦间作。

33. 狼尾草栽培应该注意哪些问题？

狼尾草又名珍珠粟、美洲狼尾草，是一年生草本植物，原产于热带非洲，在我国从海南至内蒙古均有种植。狼尾草耐瘠薄，抗旱性强，且对土壤要求不高，酸性和碱性土壤均可种植，但抗寒性差。在水热条件较好的地区狼尾草长势旺，植株高大，饲草产量高，每亩年产鲜草可达 10 000 千克。由于茎秆坚硬，其饲草品质不高，抽穗前后刈割粗蛋白含量低于 8%。一般在抽穗后期刈割，用于调制青贮饲料，饲喂牛、羊等草食家畜。

栽培技术要点：狼尾草种子细小，需翻耕后耙细整平地块。按每亩 1～1.5 千克用种量条播，行距 40～50 厘米，株距 20～30 厘米，播深 3～4 厘米，播后覆土镇压。田间管理与玉米和高粱相同，充足的水肥配套，尤其是充足的氮肥，可促进植株生长，有效提高饲草产量。

34. 秸秆收集储运模式有哪些？

我国农作物秸秆资源丰富，据统计，2017年我国主要农作物的秸秆理论资源量达8.58亿吨，具有数量大、种类多、分布广的特点。随着秸秆利用技术的推广，许多地区已经建立收储点，形成以秸秆经纪人或专业收储运公司为依托的收储运模式。

秸秆的收集利用方式：一是农作物收获后，部分需要粉碎处理，用于秸秆还田或收集。二是通过压捆打包的秸秆，减少了储存空间，而且外形规则便于运输，运输成本低。

秸秆存储依据水分差异可分为两种存储方式：一是对秸秆进行自然干燥处理后再进行储存，其通过较低的水分含量（15%～20%）抑制微生物生长，且可以降低纤维素降解酶和细菌活性。二是秸秆收获后直接储存，主要在低pH（＜4.5）和低氧气浓度条件下保存秸秆，以免遭到微生物降解以及干物质损耗。

秸秆存储依据存储环境不同可分为两种存储方式：一是采用堆垛方法，这是最简单的秸秆储存方法，长期堆积时全水分应该低于30%。二是利用热风强制循环或空气被动通风对流干燥方式，使捆型秸秆达到安全储藏水分12%～15%，采用干燥仓或者通风仓储藏。

35. 秸秆青贮的关键步骤和注意事项有哪些？

秸秆青贮是指把鲜玉米、牧草等青绿多汁的青饲料在厌氧的条件下，经过微生物发酵作用，利用青饲料中存在的乳酸菌，使青贮料的pH降到4.2以下，以抑制其他好氧微生物如霉菌、腐败菌等的繁殖生长，从而达到长期储存的目的。

秸秆青贮制作的3个关键步骤：一是青贮设施地址的选择，青贮设施必须密封性良好，内壁平整光滑，注意底部应留有液汁沉积池。二是青贮设施类型的选择，通常采用的青贮设施有青贮窖、青贮池、青贮塔、地面堆贮、裹包青贮和塑料袋青贮等，裹包青贮和塑料袋青贮应存放在取用方便的僻静地方，可根据饲养牲畜数量和青贮饲料量确定青贮设施的类型和大小，就地就势按标准营造。三是青贮设施的处理，青贮设施池壁砌砖，水泥造底，使青贮料摊布均匀，不留间隙，四周不漏水、不透气、密封性好。青贮料可按400～600千克/立方米装入，使用时一般用塑料薄膜铺底、衬护四周、封顶，减少青贮料的损失，铺上一层塑料布防止氧化。

秸秆青贮过程中面临的3个问题和解决方法：一是“青贮窖建设不规范”，解决方法是在建造过程中，四周墙壁要保证存在一定的坡度，每向下开挖1米的深度，青贮窖的宽度应该逐渐向内收缩30厘米左右，这样可以有效预防青贮窖四周出现塌方，而且有利于将秸秆压实。二是“青贮窖装填不规范”，正确的方法是按照圆拱形的模式填装，中间高、两侧低，方便排水，同时，在青贮窖两侧开挖排水沟，避免出现渗漏，确保青贮秸秆质量。三是“密封不严实”，正确的做法是短时间内将青贮的秸秆迅速填埋青贮窖，并做好压实工作，然后使用塑料膜覆盖，可在塑料薄膜上铺上一层厚度为30厘米的秸秆，再覆土30厘米，这样就能够很好地保持密封性。

青贮是秸秆饲草储存的一种较好方式，不但可以长期保存秸秆，减少营养损失，提高秸秆饲喂适口性，而且可以提高秸秆处理利用率，减少因焚烧秸秆带来的环境污染。

36. 影响秸秆氨化的关键因素有哪些？

秸秆氨化是将液氨、氨水、尿素溶液和碳酸氢氨溶液等氨源定量喷洒在植物秸秆上，在封闭的环境条件下，通过化学反应提高有机物和粗纤维的消化性，使秸秆中粗蛋白的含量提高4%～6%，增加饲料中氮的含量，并可以使秸秆软化，具有醇香和微酸味，提高饲料的适口性，增加牛、羊的采食量20%左右，且能杀死秸秆上的寄生虫卵和病菌，降低动物的发病率。氨化后秸秆为牛、羊等反刍动物全年理想的粗饲料。

秸秆氨化是提高秸秆饲用利用率的一种处理方式，应用中有3个关键点：一是氨化场地，应选择地势较高、平坦，避风向阳，排水良好，便于管理和运输的地方作为氨化场地。二是原料的选择，麦秸、玉米秸、谷秸和稻草等都可以作为氨化原料，收获籽实后的秸秆应及时采取氨化处理，所选用的秸秆必须未发霉变质，氨化秸秆含水量以 30%～40%为宜，含水量过低，氨化效果差，含水量过高，在氨化过程中会引起秸秆发霉变质。三是氨化方法，目前常用的方法有水泥池法、塑料袋法和堆垛法。养殖户可因地制宜，根据家畜饲养数量来选择氨化方法。

影响氨化效果的两个因素：一是秸秆与氨源，氨化秸秆成熟时间取决于秸秆与氨源的选择及温度高低。例如，用液氨进行氨化时，秸秆铡的长度一般在 10 厘米左右，过短则不利于充氨，用尿素或碳酸氢铵进行氨化，秸秆铡得越短越好。二是秸秆含水量，含水量一般以 30%～40%为宜。水在秸秆中的分布情况也会影响氨化效果，应注意保持上下层水分分布均匀。若秸秆含水量过低，则缺乏足够的水充当氨的载体，氨化效果较差；若秸秆含水量过高，不仅开窖后的晾晒时间需要延长，同时易导致秸秆发霉变质。

37. 秸秆微贮技术要点是什么？

秸秆经过发酵活菌发酵后可制作成优质饲料，秸秆微贮技术能保存秸秆中 85%以上养分，不仅减少粗蛋白和胡萝卜素损失量，并且秸秆微贮后，柔软多汁、气味芳香、适口性好，保存时间长，可减少秸秆的浪费。

秸秆微贮技术要点：一是“秸秆铡短”，将原料准备成适宜的尺寸，如果喂牛、驴则铡成 3～5 厘米，喂羊则铡成 2～3 厘米。二是“配制发酵液”，以每处理 1 000 千克秸秆需 3 克活菌计算，先将 20 克白糖加入 200 毫升水中，再将 3 克活菌溶于白糖溶液中配制成复活菌液，在常温中放置 1～2 小时后使用。按照比例称出食盐用量，溶解在洁净的水中，配制成浓度为 0.8%～1.0%的盐水，然后根据秸秆的重量计算出所需的活菌，将配制好的菌液兑入盐水中，将配制好的溶液搅拌均匀后就可喷洒在秸秆表面。配制好的菌液不能过夜，必须当天用完。三是“装窖压实”，将秸秆铡入窖中均匀地铺入窖底，秸秆料每升高 20～30 厘米就按照秸秆的重量和含水率喷洒配制好的菌液，再压实直到高出窖口 40 厘米为止。四是“封窖盖顶”，当原料压实后高出窖口 40 厘米时，在窖顶的原料表面喷洒菌液，然后再撒盐（250 克/平方米），以防上层原料霉烂，再用塑料薄膜盖严后，用土覆盖 30～50 厘米（覆土时要从一端开始，逐渐压到另一端，排出窖内空气），窖顶呈馒头形或屋脊形，不漏气、不漏水，封窖后应经常检查密封情况，发现下沉应及时用土填平。五是“开窖切取”，应从窖的一端开始，先去掉上面覆盖的部分土层，然后揭开塑料薄膜，从上到下垂直切取，每次取完后要用塑料薄膜将窖口封好，以减少微贮饲料与空气接触的时间，防止二次发酵。

38. 什么是秸秆饲料化?

秸秆是一种粗饲料，30%～40%是丰富的纤维素、木质素、半纤维素等粗纤维，一般不能被家畜直接食用。秸秆饲料化是通过物理、化学或生物的处理方法，提高秸秆的喂饲价值，是一种秸秆综合利用率的有效途径，主要有以下 3 种方法。

(1) 物理加工方法 一是依据不同的饲喂对象切至不同的长度，一般切成长度为 2～3 厘米，以利于采食，改善适口性。二是将秸秆加工成粉末状，可加快饲料通过胃的速度，粉碎处理一般同颗粒饲料生产结合应用。三是使用机械对秸秆进行揉搓加工，使其变成柔软的丝状物，通过揉搓丝化，可分离纤维素、半纤维素及木质素，不仅可提高采食量，还可延长秸秆丝状物饲料在动物胃中的停留时间。四是将粉碎后的作物秸秆按不同的精粗比混合后制成饲料颗粒，可通过配方的调整确保营养均衡，满足对不同动物、不同时期的饲喂需求。五是在高温高压的蒸汽作用下，利用热效应和机械效应处理作物秸秆，使秸秆细胞壁内的木质素融化、水解，氢键断裂吸水，同时机械效应使膨化口处产生极大的摩擦力，将物料撕碎、细胞壁疏松、木质素的分布状态改变，从而使饲料的颗粒变小，总面积增大，提升饲料的消化率和采食率。

（2）化学加工方法 一是通过一定浓度的碱液处理，秸秆中的木质素、纤维素和半纤维素间的醚键或酯键被打断，细胞壁会出现松软膨胀状态，木质素被溶解，纤维之间的空隙增大，纤维素的降解率提高。二是采用氢氧化氨处理作物秸秆，破坏多糖与木质素之间的醚键，在碱与氨的作用下发生碱解和氨解反应，纤维素和半纤维素被分解，氮元素增加，从而促进微生物在胃肠内的繁殖，提高秸秆饲料的可消化性。

（3）生物加工方法 在厌氧环境下，添加一定比例的酶类、微生物菌剂和水等，有效分解秸秆，利用植株中原有微生物的厌氧发酵，将难以消化的大分子物质转化为易于消化的小分子物质。

39. 秸秆生物反应堆技术是什么？

秸秆生物反应堆依据植物的光合作用、植物饥饿理论、叶片主被动吸收理论和秸秆矿质元素可循环重复再利用等理论，以秸秆作原料，在微生物菌种、净化剂等作用下，定向转化成植物生长所需的二氧化碳、热量、抗病孢子、酶、有机养料和无机养料，通过一系列转化，可改变植物生长条件，极大地提高产量和品质。秸秆生物反应堆应用形式有内置式、外置式和内外置结合式。

（1）内置式秸秆生物反应堆技术 一是拌菌种和兑料，将菌种、麦麸和水的比例为 1：20：20 搅拌后遮阳堆积 4 小时后使用，2 天内用完。二是挖掘开沟，尺寸以宽 60～80 厘米、深 20～25 厘米为宜。三是铺入秸秆，厚度 30～35 厘米为宜。四是均匀等量撒菌种，使菌种均匀分布。五是上面覆土层厚度 20～25 厘米，两头露秸秆 10 厘米。六是起垄浇水足量，湿透秸秆，并用 12＃钢筋穿透秸秆，孔距 20 厘米×20 厘米。

（2）外置式秸秆生物反应堆技术 一是挖掘一个上口宽 120～130 厘米、深 1 米、下口宽 90～100 厘米、长 6～7 米的沟，注意将所挖出的土壤堆放在沟的四周，摊成外高里低的坡形。二是建造贮气池与交换机底座，用旧农膜铺设沟底、四壁直至沟上沿宽80～

100 厘米。中间位置向棚内开挖一宽 65 厘米、深 50 厘米、长 1 米的出气道，出气道末端建造一个下口内径为 50 厘米、上口内径为 40 厘米、高出地面 20 厘米的圆形交换底座，沟壁、气道和上沿用单砖砌垒，水泥抹面，沟底用沙子水泥打底，厚度 6～8 厘米，南北两头各建造一个长 50 厘米、宽高均为 20 厘米的进气道，单砖砌垒或者用管材替代。三是固定交换机底端，保证密封不漏气，在沟上纵向每隔 40 厘米，横向排放一根水泥杆（宽 20 厘米、厚 10 厘米），在水泥杆上纵向每隔 10 厘米用铁丝固定。四是铺放秸秆交叉重叠摆放整齐，先横后纵，每 40 厘米厚撒一层菌种，连续铺放 3～5 层，淋水浇湿到水量以下部沟中有一半积水为止，最后用农膜覆盖保湿。五是气带连接机器后，注意气带方向，分别在两边和下方打孔。

40. 秸秆腐熟还田技术是什么？

秸秆快速腐熟还田技术是将秸秆催化腐熟后还田资源化利用的方法，这种方法可迅速分解秸秆粗纤维并转化成有机肥，具有易学易操作、成本低、肥效高等特点。

秸秆腐熟还田技术具体操作：一是确定秸秆腐熟的地点，可选在靠近沟渠的田间地头进行平整，堆放秸秆。二是将收集的秸秆堆放于选择好的地点，堆码时要注意秸秆根部相向摆放整齐，有利于均匀泼洒腐熟剂。三是第一层秸秆堆放进行腐熟，可参考 1 亩地生产的秸秆计算，将腐熟剂 2 千克、过磷酸钙 15 千克、碳酸氢铵 15 千克或者尿素 6 千克混合调匀，均匀泼洒在堆放好的秸秆上，并按秸秆重量的 1.8 倍加水，使秸秆湿透，秸秆含水量约达到 65%，最后均匀撒上土。四是继续堆放秸秆，按照第二、三步的方法，在第一层上继续码放垛实，整个堆放厚度最高不超过 2 米。五是用塑料薄膜将码好的秸秆封堆密封，注意封严，以防水分蒸发、堆温扩散和养分挥发。按照以上步骤将秸秆堆码好，等 1 个月左右，就可以制作出免耕播种的农家肥料。

41. 秸秆机械化粉碎还田技术要点是什么？

秸秆机械化粉碎还田技术是用机械将田间的农作物秸秆直接粉碎抛撒于地表，随即耕翻入土壤作为底肥，秸秆还田有助于增肥增产、降低生产成本，而且还可将农作物秸秆中的氮、磷、钾、镁、钙和硫等各种营养元素和有机质直接还田，增加土壤有机质含量和养分，培肥地力，促进农作物持续稳定增产。

玉米秸秆机械化粉碎还田技术要点：一是“摘穗”，玉米成熟时，在秸秆青绿时及时摘穗。二是“切碎”，在秸秆青绿时，以含水量30%以上最适宜，用秸秆切碎机切碎秸秆。切碎后秸秆长度≤10厘米、根茬高≤5厘米，防止漏切。三是切碎后进行撒施碳酸氢铵补氮，将玉米秸秆碳氮比由80∶1补到25∶1（即亩增施5千克纯氮）。四是用重耙或旋耕机灭茬，在切碎根茬的同时将碎秸秆、化肥与表层土壤充分混合。五是用大拖深耕犁或小拖单铧犁深耕，耕深≥20厘米，耕透、镇实、耢平。

小麦秸秆机械化粉碎还田技术要点：一是用联合收割机收小麦，麦茬高度≤25厘米。二是“切碎”，使用联合收割机自带的秸秆切碎设备，在联合收割机上加装秸秆粉碎机，麦秸切碎长度≤10厘米。麦熟期如遇天旱应在收割前3～7天浇水造墒，每亩浇水30～40立方米，采用机械收割小麦，还田量不要超过400千克/亩（秸秆量为小麦籽粒干重的1～1.2倍），太多应剔去一部分。将麦秸均匀铺撒于地表，麦秸太长时可适当切碎处理。每亩用氮5～10千克、五氧化二磷5～8千克、翻压，深度不少于20厘米，然后耙平播种。

水稻秸秆机械化粉碎还田技术要点：一是使用半喂入收割机收割水稻，切碎长度5～10厘米、留茬高度≤10厘米。二是收割作业时，收割机无抛撒装置或抛撒质量不高时，可以人工匀草。三是选用大中型拖拉机（55千瓦以上）配套犁旋一体复式机进行犁翻深耕镇压作业，要求耕作深度≥22厘米。四是选用大中型拖拉机（55千瓦以上）配套水田平整机（宽1.8米或2米）进行水田平整作业 1～2 遍，达到机插要求。按照农艺要求，同时进行撒施复合基肥作业。

42. 秸秆堆沤还田技术是什么？

秸秆堆沤还田技术是保持和提高土壤肥力的重要途径，能有效增加土壤有机质含量，改变土壤理化性状，达到改良土壤、培肥地力的良好效果。秸秆堆沤还田技术操作方法：一是将秸秆就近运到地边或低洼地。二是堆置场地四周挖槽起土 30 厘米以上，堆底压平、拍实，防止跑水。三是尿素和生物菌剂使用量，尿素一般为秸秆重量的 0.5%以上，生物菌剂一般为秸秆重量的 0.4%左右。四是秸秆堆砌一般宽为 1.5～2 米、高 1.5～1.6 米，注意浇足水，使秸秆含水量达到 60%～70%，料面撒适量尿素，一般以总用量的 1/5 为宜，生物菌剂一般为总量的 1/5，再堆砌秸秆，按同样方法撒尿素和生物菌剂，一般为总用量的 2/5，然后堆砌 30～40 厘米秸秆，按同样方法撒尿素和生物菌剂，一般为总用量的 2/5，最后用泥土覆盖或用黑色塑料农膜封严。

43. 秸秆基质化是什么？

秸秆基质化是利用自然界大量的微生物或接种外源秸秆腐解菌对秸秆进行生物降解，将秸秆分解转化成为简单的无机物、小分子有机物和腐殖质等稳定物质。一部分被吸收的有机物氧化成简单的可供植株吸收利用的无机物，另一部分有机物转化成新的细胞物质以促使微生物生长繁殖，进一步分解有机物料。秸秆基质化生产流程：一是进行秸秆预处理，主要是机械粉碎和堆肥发酵。二是秸秆堆肥与其他物料的复配，将单一秸秆和粪便等有机物料堆肥发酵后，用于栽培基质。三是添加吸水树脂、生物炭、腐殖酸和硅藻土等基质调控剂来改善其理化性质，基质材料配比成功后仍可能存在保水保肥性差和畜禽粪便含有较高盐分的问题，混合发酵大大限制了秸秆原料基质的应用效果，因此，需要添加调控材料。

第三章 牛羊驴养殖技术

44. 什么是规模化科学养殖？

规模化养殖场是指经当地农业、工商等行政主管部门批准，具有法人资格的畜禽养殖场。根据减排要求及核查相关规定，五类畜禽规模化养殖场规模确定为：生猪≥500头（年出栏）、奶牛≥100头（存栏）、肉牛≥100头（年出栏）、蛋鸡≥10 000只（存栏）、肉鸡≥50 000只（年出栏）。另外，羊≥500只（年出栏）、驴≥50头（存栏）也属于。

种群结构是指品种结构、年龄结构和性别结构比例，其经济效益体现在种群的数量和质量上，即繁衍后代的数量多少、品质高低。以繁殖母畜为基础，按照适当比例配置其他性别、年龄、用途利于组织再生产、降低生产成本、增加产品质量。一般规模化奶牛场的合理结构为母牛占55%～60%，在成母牛群中1～2胎母牛占母牛群总数的40%，3～5胎母牛占母牛群总数的40%，其中18～28月龄的青年牛约占整个牛群的12%，18月龄以下的育成牛约占整个牛群的20%，留作后备母牛的犊牛约占整个牛群的9%。羊合理的羊群结构标准为繁殖母羊、育成羊、羔羊比例5∶3∶2，适宜的公母比例应在1∶25。驴合理的驴群结构标准为繁殖母驴越多越好，适宜的公母比例应在1∶30。

45. 规模化养殖场如何选址？

规模化养殖已成为主要的养殖方式，由于规模场养殖数量的增加，养殖场对周围环境造成的污染等问题也逐渐引起了人们的重视。养殖场选址不仅要考虑到便于畜牧生产、动物防疫的问题，同时还需要考虑防治养殖污染、国土资源利用及环境保护等各方面的问题。选址建场是开展规模化养殖的先决条件，《中华人民共和国畜牧法》（2015 年修正）规定：建设用地、一般用地可用以养殖场建设，基本农田不能用于养殖场建设。因此，在建设养殖场之前，一定到所在乡镇土地管理所查清土地性质。要远离禁养区，《畜牧法》第四十条规定，禁止在一些区域内建设畜禽养殖场、养殖小区。要符合动物防疫条件，《中华人民共和国动物防疫法》第十九条规定，动物饲养场和隔离场所、动物屠宰加工场所及动物和动物产品无害化处理场所，应当符合动物防疫条件；第二十条规定，养殖场经申请，通过县级以上畜牧兽医主管部门审核合格后，发放动物防疫条件合格证，申请人凭动物防疫条件合格证向工商行政管理部门申请办理登记注册手续。还要具备相应的养殖条件，《畜牧法》第三十九条规定，畜禽养殖场、养殖小区应具备的养殖条件，及要向养殖场、养殖小区所在地县级人民政府畜牧兽医行政主管部门备案，取得畜禽养殖代码。省级人民政府根据本行政区域畜牧业发展状况制定畜禽养殖场、养殖小区的规模标准和备案程序。

科学选址一般要求：地势较高（地下水位 2 米以下）、背风向阳、排水良好、通风干燥，切忌位置低洼易涝；距离城镇居民区、生活饮用水源地、动物屠宰加工场所、动物和动物产品集贸市场 500 米以上；距离种畜禽场 1 000 米以上；距离动物诊疗场所 200 米以上；动物饲养场（养殖小区）之间距离不少于 500 米。此外，还要水源充足、水质良好、交通方便、供电良好、网络通畅，切忌在水源污染、寄生虫横行的地方建场。为引进新品种建场，充分考虑生态条件尽可能满足引入品种的要求，养殖场建在主要发展品种的中心产区，以便就进推广。

46. 什么是同期发情技术?

同期发情技术是指用人工的方法，使群体母畜在一定时间内集中发情并排卵，以便充分利用优秀种公畜进行统一组织配种的繁殖技术。同期发情的技术原理：一是孕激素类制剂抑制发情，孕激素延长黄体期，高水平的孕激素抑制卵巢上的卵泡发育，起到外源性黄体的作用，在处理期结束时撤除孕激素，同时肌肉注射孕马血清促性腺激素，使所有卵巢上的卵泡波同时发育，最终达到同期发情和排卵；二是前列腺素及类似物促进黄体退化，利用前列腺素促使动物的周期性黄体短时间内消退，外血浆孕激素水平下降，卵泡同时开始发育，一段时间后再次使用前列腺素溶解黄体，从而再次集中发情排卵；三是促性腺激素制剂，利用促性腺激素释放激素促进卵巢上的卵泡发育，卵巢集中进入黄体期，使用前列腺素溶解黄体，从而使动物再次集中发情排卵。

影响同期发情效果的主要因素：一是动物体况、品种、光照等。在体况方面，过肥的和膘情较差的母畜都不适合同期发情。二是品种差异，不同的品种使用相同的发情处理方案，其发情率不同。三是光照是影响同期发情处理效果的重要因素，长日照和短日照更替动物松果体分泌褪黑素量不同，其分泌规律依赖于视网膜接受光信号刺激松果腺的强弱。在自然条件下，短日照动物，在短白昼期间高浓度的褪黑素抑制促乳素释放，刺激促性腺激素释放增加，从而提高血浆中孕激素、雌激素及雄激素的基础浓度，增加性活动。

47. 什么是胚胎移植技术?

胚胎移植，又称受精卵移植，是指将雌性动物的早期胚胎，或者通过体外受精及其他方式得到的胚胎，移植雌性动物体内，使之继续发育为新个体的技术。

胚胎移植技术是畜牧业生产中，特别是畜禽良种生产中广泛应用的现代生物技术。胚胎移植技术对迅速提高家畜的生产性能，加快品种改良步伐和育种进程具有十分重要的意义。一是可极大地提高可繁殖动物的利用率，从而达到品种改良，大幅度提高生产力的目的。二是从具有很高遗传和生产价值的种畜获得更多后代，留作种用，代替种畜进口和用来出口，经济、方便、安全。三是加快育种和品种改良步伐，采用胚胎移植，可大大加快本地黄牛繁殖出优良的纯种牛的速度。四是使很有价值、但由于疾病失去生育能力的母畜获得后代。五是使可繁殖动物产双胎，提高生产率。六是增加稀有或濒危动物的群体数量。七是尽快提高畜群质量，大幅度提高畜群生产力。如正常母驴 2.5 岁配种，3 年 2 胎，每胎 1 驹。在常见家畜中，母驴的妊娠期最长，平均达 360 天，基础母驴受孕率仅为 60%～70%。繁殖力低不仅导致现有驴群的扩繁速度慢，而且新品种的培育周期长。一个存栏为 1 000 头母驴的饲养场，依靠自繁约需要 12 年才能达到 10 000 头规模。

48. 牛的养殖现状如何?

近年来，随着我国居民生活消费水平的不断上升，对于肉、奶类的需求和消费结构逐步改变。牛肉作为中高档肉类消费产品，以低脂、低胆固醇等营养功能正快速占据肉类消费的主力地位，肉牛养殖和牛肉生产成为世界第三大养殖生产国（继美国和巴西之后），但我国的肉牛饲养规模化水平仍然很低。据《中国统计年鉴 2019》牲畜饲养情况显示，我国的牛存栏头数达 8 915. 3 万头（包括肉牛与奶牛）。截至 2017 年，我国肉牛饲养年出栏 100 头以上的养殖场仅占 15%，年出栏数 1 000 头的场户更是只占 2%，年出栏 11～50

头的约占 22%，还有 59%的养殖场年出栏数 1～10 头。规模奶牛场已经成为我国商品化生鲜乳生产的主体力量。

产业素质的提升推动了奶牛单产和生鲜乳质量的提升，规模化水平和单产的提升弥补了散养退出导致的产量损失，确保了生鲜乳的有效供给，成为农业供给侧改革的典型案例。目前，我国规模牛场的生鲜乳质量整体达到了欧盟水平。数据显示，2018 年，我国规模牛场存栏荷斯坦奶牛 504 万头，前 40 位养殖集团存栏 192 万头，日产生鲜乳 2.66 万吨，奶牛单产由 4.6 吨提高到了 7.4 吨，部分牧场奶牛单产可达 8～9 吨，规模牛场 100%实现机械化挤奶，其中 80%以上的牛场使用的是奶厅挤奶模式，93%的牛场配备全混合日粮（TMR）搅拌车，全株青贮的使用率达到 90%。

49. 牛的品种有哪些？

牛起源于原牛，早在新石器时代就被人类开始驯化。中国黄牛出现于河姆渡遗址中，2 500 年前，开始出现牛耕技术。在人类长期精心培育下，现已分别向乳用、肉用、役用和兼用方向发展成为许多专门化及兼用品种。

（1）奶牛品种 在牛的品种中，荷斯坦牛的产量最高，生产每单位牛乳所需要饲料费用最低，荷斯坦牛以往为纯乳用型，为了满足市场需要，部分国家将荷斯坦牛培育成了以产奶为主的乳肉兼用型；娟姗牛以乳脂率高、乳房形状良好而闻名世界，耐热性优于荷斯坦牛；此外，还有原产于瑞士的瑞士褐牛、中国荷斯坦牛等。

（2）肉牛品种 主要的肉牛品种有夏洛来牛、利木赞牛、契安尼娜牛、皮埃蒙特牛、肉用短角牛、安格斯牛、海福特牛、圣格鲁迪牛和墨累灰牛等。

（3）乳肉兼用品种 主要有西门塔尔牛、丹麦红牛、短角牛、三河牛、新疆褐牛、中国草原红牛、科尔沁牛等。

（4）中国黄牛品种 中国黄牛分布于全国，头数最多，约占全国各类牛总数的70%，在我国，黄牛是泛指牦牛和水牛以外的所有家牛，起源上包括普通牛和瘤牛两种。就全国而言，黄牛的毛色虽以黄色居多，但是其他毛色也不少，如秦川牛毛色为红色，而渤海黑牛则为黑色，这些品种都统称黄牛。中国黄牛依自然分布及其生态条件、体格大小和品种特征，可分为三大类，即中原黄牛、北方黄牛和南方黄牛。

50. 如何提高母牛的繁殖率？

影响母牛繁殖率的有品种、营养、日常管理、疾病和环境等因素。肉牛繁育场盈亏的重要指标就是繁殖率，如不能较好把控，将对牧场造成严重损失。目前，由于可繁肉用母牛数量减少，犊牛、架子牛价格直线攀升，育肥场架子牛采购单价与育肥牛出售单价倒挂严重，进而促使国内出现了大量规模化肉牛繁育场。为确保牧场盈利，牧场管理者需注重牧场各个运营环节的把控。

提高规模化繁育场母牛繁殖率的主要措施：一是饲喂营养均衡的全价日粮。理想的日粮为TMR日粮。二是加强母牛群体的日常管理。做好牛群牛只的标记、牛群的繁殖登记和繁殖母牛群的调整和淘汰计划，做好牛群的分栏工作，防止驱赶、跑、跳运动，防止母牛吃发霉变质食物，注意防暑降温和防寒保暖及计算好预产期等。三是做好发情鉴定与妊娠诊断。准确掌握母牛的发情期和排卵期，适时配种，避免空怀；做好早期妊娠诊断，通过早期妊娠诊断，及早确定母牛是否怀孕。四是及时对相关疾病进行防治。在人工授精、助产等操作中，严格按照操作规程进行，防止生殖道感染与损伤，提高母牛的利用率。五是注重犊牛的饲养管理。新生犊牛的饲养管理，保证犊牛在出生后的1～1.5小时内吃到初乳，早期断奶可以适当提高母牛繁殖率。六是合理利用新繁殖技术。人工授精技术的推广普及，特别是冷冻精液的应用大大提高了种公牛的繁殖效率和牛群的生产水平。

51. 中小型肉牛场的选址、规划和建设内容有哪些？

中小型肉牛场的选址：一是地势，应选择在干燥、背风、向阳的位置，地下水位应在2米以下，牛场总体上应是平坦的，有坡度也应是缓坡，且北高南低，决不能选择在低洼处。二是地形，应选择开阔整齐的位置，形状多为正方形、长方形，而且要避免牛场过于狭长。三是水源，应具有符合相关卫生标准的水源，并且应确保取水、用水的便捷性。四是气候与社会联系，要对区域内的气候条件进行综合考虑，所选位置符合动物防疫条件，且便于防疫工作的开展，与居民居住区保持一定距离，同时应处于居民居住区的下风处，与交通要道、大江大河、交通干线、村庄集市、屠宰场和养殖场也要保持一定的距离。

中小型肉牛场的规划：一是管理区，经营管理以及产品加工区域，要充分考虑交通路线以及输电线路等因素，同时应集中考虑到饲养饲料以及生产资料供应和产品销售等问题，二者的距离应控制在50米以上，外来人员只可以在管理区域当中活动，运输车辆以及外来的牲畜坚决不可以进入生产区当中。二是饲养生产区，饲养生产区是核心所在，在实际生产的过程中，应根据肉牛的生理特点进行分舍饲养，同时按照具体要求去设计运动场，与饲料运输相关的场所，应规划在地势较高的地点，同时严格保证卫生防疫安全的基本要求。

中小型肉牛场的建设：多为拴系式育牛舍，双列固定式，在牛舍的中央设一个1.5～2米通道，两边依次是牛床、食槽和清粪道等。污道当中应设计排尿沟，排尿沟应向暗沟微微倾斜，饲槽的槽底应是圆形的，净宽度应控制在60～80厘米、前沿高应控制在60～80厘米、内沿高应控制在30～35厘米，饲槽外沿（牛床一侧）安装链子，以方便拴牛；在每头牛的饲槽旁边应设置距离地面0.5米的饮水装置，运动场的面积应该按照成年牛15～20平方米/头、犊牛5～10平方米/头的标准设置。

52. 大型肉牛育肥场规划应该注意哪些问题？

大型肉牛育肥场具有严格的布局和建筑设计要求，在实际生产中具有利于集约化经营、环境保护、引入先进技术、利于卫生防疫及生产快速周转等优势，它的出现是现代养牛业发展的必然结果。

（1）建场规模与品种 肉牛育肥场的规模可以按照年出栏数除以4计算，肉牛一般300千克以上开始进入育肥期，周期一般为3个月，正常情况下可以实现年出栏4批；对于中长期育肥的肉牛场，饲养期一般为6个月或12个月，其规模可依据年出栏数和饲养期来计算；依据牛的品种，设计占地面积、牛床、设备规格等。

（2）饲养管理 养牛业已改变了原有粗放的饲养方法，取而代之的是高密度、机械化的饲养方法，保证充分发挥牛的生产潜力；采用散放式育肥，如栏内饲养8～10头牛时，运动场的面积一般为牛舍的3倍；从饲料供应到喂养的操作线在场内要求距离近，操作方便，且不受其他流程的影响和干扰，多采用统槽饲养，一般是湿拌料或者干料饲喂；通常一头育肥牛每天需要60千克水，饮水既可以在水槽中直接进行，也可以将饲槽与水槽合二为一，以提高劳动效率。

（3）场区设计 必须包括生产区、辅助生产区、生活区和污物净化区；各区间有优化的生产流程，互相连接，以取得最佳的生产效益；无论是拴系式或是散放式饲养，牛舍都要紧凑而不拥挤，以保证饲养人员操作方便，减少对牛只的驱赶。合理的布局、顺畅的流水作业生产线、适当的规模与品种、科学的饲养管理工艺等都是在牛场规划中应当注意的问题。

53. 肉牛育肥应该注意哪些问题？

（1）饲养环境 牛舍内的温度以及湿度要适宜，冬季要做好牛舍的保暖工作，舍温控制在5℃以上并注意保证牛舍内环境干燥；在夏季，可以适当通风，搭建凉棚为牛舍遮挡阳光降温；牛舍内的湿度应控制在55%～70%，并保证牛舍内良好的采光条件；育肥牛入舍之前做好牛舍内的消毒工作，可以采用浓度为20%的生石灰水对牛舍的地面以及墙壁进行彻底消毒，采用浓度为3%的甲酚皂溶液对牛舍内的设施及用具进行消毒。

（2）肉牛的饲养管理 在育肥前应按照性别、年龄、体重等进行分群饲养，每个群体保持在15头牛以内，分群后的牛群应具有相对稳定性；在育肥前还应进行1次驱虫工作，育肥期要注意粗饲料和精饲料的比例，饲喂时应先喂粗饲料，后喂精饲料，而且要少饲喂勤添加，不能饲喂霉变饲料；育肥期的牛要定期称重和洗刷牛体，育肥后期可以适当减少运动量利于增膘。

54. 牛的采食习性及消化特点是什么?

牛最喜欢采食青绿多汁饲料，其次是优质青干草和青贮饲料，精饲料中更喜欢颗粒料状形式。秸秆类饲料在饲喂前需要将其切短加工后再拌入精饲料，提高采食量，如饲喂玉米等整粒的谷物饲料，则会由于大部分都沉入三、四胃而得不到充分的咀嚼，造成饲料的浪费。牛在安静、舒适的环境下采食量增加，饲料利用率也高。饲喂方式也会影响到牛的采食。一般少喂、勤添的情况下奶牛的采食量较大，如果一次性投料过多，牛进食草料的速度快，并且咀嚼不细，在采食后，饲料经牛初步咀嚼，与唾液混合后形成食团，再吞咽到瘤胃内浸泡和软化，经过 30～60 分钟后开始反刍，全天可反刍 6～12 次，每次 40～50 分钟。饲喂中要注意日粮中的营养搭配，如果日粮中精饲料的比例过高，会导致瘤胃的发酵类型改变，使瘤胃酸过高，发生瘤胃酸中毒，采食量下降。

55. 奶牛选种选配技术要点有哪些?

选种选配是有目的地科学决定交配个体培育后代的过程，是奶牛良种选育中不可或缺的措施。在奶牛生产中，由于人工授精技术的广泛应用，使种公牛对牛群遗传改良的贡献可达到总遗传进展的75%以上。因此，选择优秀种公牛，对牛群改良至关重要。

奶牛选种选配技术要点：获得牛群基础信息资料，明确牛场的改良目标和奶牛个体的改良重点，分析牛群存在的优点和不足，进而有针对性地制订育种目标、交配组合，执行选配方案，验证选配效果，达到有计划地改良牛群的目的。对母牛进行生产性能测定和体型鉴定，并做好记录。记录母牛繁殖情况，包括配种日期、与配公牛号、妊检结果和产犊难易性等；记录母牛系谱档案，包括父号、母号、出生日期、初生重等信息；查清母牛个体优缺点，一一列出，并进行分类。对于种公牛要根据遗传评定结果选择验证公牛；根据基因组选择结果选择青年公牛；注意遗传多样性，这要求育种员要细心，既有一定的知识和经验，也有能力将配种工作和全场的育种目标结合。根据公母牛不低于三代的系谱，计算后代近交系数。

应注意优秀公母牛采用同质选配，品质较差的母牛采用异质选配。一次选配，考虑改良的性状不多于3个。巩固优良性状，改良不良性状。避免相同或不同缺陷的选配组合。公牛生产性能和体型遗传质量要高于母牛，无遗传疾病且不是遗传疾病隐性携带者。生产群选配后代近交系数一般控制在6.25%以下。

56. 分娩奶牛如何护理？

分娩产房应该保持干燥、卫生、安静，奶牛分娩前两周进行健康检查后进入产房，母牛分娩前对其后躯、外阴用2%～3%的来苏儿进行清洗，如牛胎儿破水后30分钟不能正常娩出发生难产，兽医应及时处理；当牛胎儿头部露出外阴后，用消毒毛巾消除其口、鼻中的黏液；脐带断开后用手挤出内容物，用碘酒对脐带鞘进行消毒；奶牛分娩后，应及早驱使犊牛站起，用温水或消毒液清洗母牛的乳房、后躯和尾部，然后清除粪便，更换清洁柔软的褥草；分娩后30分钟内进行第一次挤奶并尽快喂给新生犊牛，使犊牛尽快产生抗体。生产后奶牛身体各方面都会产生较大的生理应激反应，因此，在产后易感阶段应及时做好母牛的监控、护理和保健工作，不仅有利于产后奶牛的机体恢复，还可提高奶牛的生产率及生产质量。分娩两周后，对小牛进行身体健康状况检查，如无疾病、食欲正常，可转入大群管理。

57. 牛流产的原因主要有哪些?

引起养殖牛流产的诱因很多，有遗传性、天气环境、疾病和饲养管理等各种因素，而饲养与管理不当是主要的诱因。引起牛流产的主要原因：一是机械性流产，由于拥挤造成相互抵撞、剧烈运动等一些外力造成的流产，母牛怀孕后一定要小圈饲养，避免大群饲养。二是营养不良性流产，怀孕母牛膘情较差、营养不良的情况下也比较容易出现流产。三是生物毒素流产，当牛采食发霉变质的饲草饲料，可出现霉菌生物毒素流产的现象。四是当母牛出现过子宫脱垂或者流产时，就会出现习惯性流产。五是当母牛有子宫内膜炎等生殖器官炎症时，如怀孕母牛感染布鲁氏菌病等可导致流产的疾病。六是因药物使用不当引起的流产，平时在使用药物时一定要先阅读说明书，查看注意事项。

58. 牛长途运输管理应注意哪些问题?

进牛的前 1 周应加强对牛的采食量、呼吸频率、体温、粪尿、反刍等情况进行观察和日常检查。运输前应准备所需的精粗料、口服补液盐，配备所需的兽药和器械。装车前对运输车进行彻底清洗消毒，用垫料铺好车厢防止牛只摔伤，夏天车辆要有遮阳防晒设施，冬天车辆要有挡风保暖设施，行车要匀速，转弯和停车均要先减速，尽量避免急刹车，运输途中务必做到每天能饮水 2 次并在水中添加电解质，每次 5 升以上，以防脱水。到达入住隔离牛舍后，应进行补液补水工作，可用水稀释的口服补液盐 400 克/头，连用 3 天，如发现超过 3 小时未饮用的可直接灌服 5 升以上。第 1 次饮水结束后再饲喂优质粗饲料如苜蓿、稻草、干玉米秸秆等，最好与引牛原产地饲料相同，饲喂精料量减半。

59. 引起犊牛腹泻的原因有哪些？

引起犊牛腹泻的主要原因有：一是犊牛感染了致病性可导致腹泻的病毒、细菌和寄生虫，这三者之间也存在相互交叉混合感染，国内管理较完善的规模化牧场对犊牛腹泻的防控比较重视，控制发病的情况虽然有所进展，但存在的问题依然很多，特别是疫苗的研发，尚需创新提高。二是饲养环境的卫生条件比较差，有些牛场内的栏舍处于阴冷潮湿的条件下，犊牛处于这种不佳的饲养状态下，严重影响犊牛健康，从而引发腹泻。三是犊牛自身的实际发育情况如果不佳，因自身的免疫能力差阻碍消化系统的发育，此时犊牛会表现出不同程度的应激反应，极易表现腹泻症状。初生犊牛自身免疫力不强，只能通过吮吸母乳来获得营养，从而获得机体抵抗微生物所需要的免疫球蛋白，所以如果产犊母牛所产的乳汁比较差，犊牛吮吸后会表现腹泻症状。犊牛如果日常吮吸了过多的母乳，也会造成机体消化差、肠道发酵而引起腹泻。

60. 羊的养殖前景如何？

羊肉，性温，最适宜于冬季食用。羊不仅能够为人们提供肉制品，还能够提供羊毛制品，受到养殖户的青睐。我国羊存栏量也呈稳定趋势发展，据《中国统计年鉴 2019》数据显示，截至 2018 年底，我国羊饲养量达到 29 713.5 万只，其中，山羊的饲养量 13 574.7万只，绵羊的饲养量 16 138.8 万只；年可提供 475.1 万吨羊肉，绵羊毛 356 608 吨，山羊毛（绒）42 403 吨。随着人们生活水平的提高，今后国内羊肉市场会有较大的需求空间。未来羊养殖行业发展趋势如下。

（1）高端羊肉产品极具发展潜力　目前，我国人均羊肉消费量为世界平均水平的一半左右。但随着人们消费需求多样化和品质化的趋势越来越显著，特别是对羊肉产品的需求呈现层级分化，越来越多的消费者青睐真正安全有保障、高品质的高端产品。

（2）趋向品牌化发展　随着社会经济的发展，人们生活水平的提高，消费观念趋向讲究食品的安全、卫生、营养，消费者开始从价格便宜的低档产品开始转向消费高档品牌产品，如“绿色食品”“放心肉”等一系列安全、健康的品牌产品。

（3）规模化、现代化水平显著提高 以羊肉加工业为核心，涵盖养殖、屠宰及精深加工、冷藏储运、批发零售及相关高等教育和科学研究的完整产业链，形成完整的产业体系，具有高度的规模化及现代化水平。

61. 目前有哪些羊的品种?

动物分类学中一般意义上的家羊只有盘羊属的绵羊和山羊属的山羊两个种。绵羊可能由盘羊驯化而成，其雄羊以角大且呈螺旋形为特征；山羊则由野山羊驯化而成，角为细长的三棱形、呈镰刀状弯曲。目前，在中国发现最早的家羊是出现在甘肃和青海一带的绵羊，而中国人养羊的历史可以追溯到5 000多年前，所知最早的山羊养殖发现于距今约3 700年前的河南省偃师县二里头遗址。

目前，全世界已知有绵羊品种630多个，山羊品种和品种群150多个。现在，中国境内绵羊的品种有31种、山羊有43种。这种品种的多样化是各个地区人们需求不同、饲养技术发展和中外文化交流的结果。

（1）绵羊的主要品种 有新疆细毛羊、中国美利奴羊、澳洲美利奴羊、德国美利奴羊、罗姆尼羊、萨福克羊、无角道塞特羊、夏洛来羊、考力代羊、林肯羊、南丘羊、兰德瑞斯羊、东佛里生羊、波利帕羊、蒙古羊、西藏羊、哈萨克羊、小尾寒羊、乌珠穆沁羊、洼地绵羊、阿勒泰大尾羊、湖羊、中国卡拉库尔羊、杜泊绵羊等。新疆细毛羊是我国育成历史最久、数量最多的细毛羊品种，具有较高的毛、肉生产性能及经济效益，它的适应性强、抗逆性好，具有许多外来品种所不及的优点。

（2）山羊的主要品种 有辽宁绒山羊、安哥拉山羊、崂山奶山羊、关中奶山羊、莎能奶山羊、济宁青山羊、中卫山羊、南江黄羊、马头山羊、鲁北白山羊、黄淮山羊、成都麻羊、波尔山羊等。

其中，波尔山羊是目前世界上唯一公认的专门肉用的山羊品种，具有成熟早、四季发情、繁殖力高、生长发育快、生长率和产肉力高、抗寄生虫病能力强、适应性好等品种特性，对于改良我国众多的地方肉皮兼用山羊品种，发展肉羊生产特别是肥羔生产，培育肉用山羊品种，提供了良好的父本素材。

洼地绵羊（左公羊，右母羊）

62. 如何提高羊的繁殖率？

羊繁殖率是指年内出生羔羊数占年初能繁母羊只数的百分比。提高能繁母羊繁殖率可有效增加羊群存栏，增加肉羊出栏数，获取较高的养羊效益。提高母羊繁殖率可以从几方面入手：一是选择多羔公、母羊留种，注意其上代公、母羊最好是一胎双羔以上的、后备羊群中所选出的，这些具有良好遗传基础的公、母羊留作种用，可充分发挥其遗传潜能，提高母羊一胎多羔的概率。二是提高羊群中青壮年母羊的比例，母羊一生中以 3～4 岁时繁殖力最强，繁殖年限一般为 8 年，应适当增加 3～4 岁母羊在羊群中的比例，及时发现并淘汰老、弱或繁殖力低下的母羊。三是保证充足的营养，确保健康的体况和适度的膘情，配种时精液中精子数量多、活力强、受精能力强，母羊体壮，羊胎儿就发育良好，产后奶水足，羔羊出生体重大，成活率高。四是实行 2 次配种，母羊发情时，实行双重配种或 2 次配种输精，可以提高准胎率，增加产双羔的概率，对确认发情的母羊，在 12 小时及 24 小时后各配种输精 1 次，2 次输精间隔 10～12 小时；五是羔羊适时提早断奶，缩短母羊哺乳时间可促使母羊提早发情，实现一年多产。

63. 羊的采食习性及消化特点如何?

羊食性较广，采食时的规律是吃饱—反刍—休息或游走—再吃草。反刍是羊重要的消化生理特点，反刍停止是疾病的征兆，不反刍会引起瘤胃臌气。羊采食时间以早晨最长，采食效率则以日出前后及日落前后最高。羊的颜面细长，嘴尖，唇薄齿利，上唇中央有一中央纵沟，运动灵活，下颚门齿向外有一定的倾斜度，利于啃食很短的牧草。绵羊和山羊的采食特点有明显不同，山羊后肢能站立，有助于采食高处的灌木或乔木的嫩幼枝叶，而绵羊只能采食地面上或低处的杂草与枝叶；绵羊与山羊合群放牧时，山羊总是走在前面抢食，而绵羊则慢慢跟随后边低头啃食。

羊的瘤胃是容积最大的胃室，可使羊在较短时间采食和储藏大量牧草，待休息时反刍。反刍多发生在吃草之后，吃草后，稍有休息，便开始反刍。反刍中也可随时转入吃草。反刍姿势多为侧卧，少数为站立。反刍时间与采食牧草时间比值为［（0.5～1）：1］。羔羊出生后约40天开始出现反刍行为，羔羊在哺乳期，早起补饲容易消化的植物性饲料，能刺激前胃的发育，可提早出现反刍行为。

64. 育成羊饲养管理要点有哪些？

育成羊是指断奶后3～4个月至第一次配种阶段的幼龄羊，这段时间生长发育快，增重强度大，育成羊饲养管理中要注意选种与分群，断乳以后羔羊根据品种、性别、大小、强弱分别组群分圈饲养，根据增重情况调整饲养方案。根据羊本身的体形外貌、生产记录、系谱登记进行选择，把品种特性优良的、种用价值高的公羊和母羊选出来留作繁殖用，不符合要求的转为商品羊生产使用。

（1）育成前期管理 这个时期，羊的生长发育快，瘤胃容积有限且机能不完善，对饲料的利用能力较差，羊的日粮应以精饲料为主，并能补充给优质干草和青绿多汁饲料，日粮的粗纤维含量不超过15%～20%。

（2）育成后期管理 此时期羊的瘤胃机能基本完善，可以采食大量的牧草和青贮、微贮秸秆，添加精饲料或优质青贮、干草，粗饲料比例可增加到25%～30%。育成期羊的管理直接影响到羊的繁殖，母羔羊6月龄体重达到40千克，8月龄可以达到配种。要加强发情鉴定，以免漏配，育成公羊需在12个月龄以后，体重达69千克以上再参加配种。

65. 母种羊饲养管理要点有哪些？

根据生产目的和生理期的不同特点，种母羊可分为空怀期、妊娠期和哺乳期，其中妊娠期和哺乳期是饲养的重点。

（1）空怀期 种母羊性成熟后到配种成功前的阶段或产羔至下次配种成功的间隔时间称为空怀期，这个阶段饲养的重点是促使种母羊迅速恢复体况，抓膘复壮。对种母羊主要饲喂青粗饲料，每天可适量补喂混合精饲料或增加饲喂适量的优质粗饲料饲喂量，促使其体况迅速恢复，确保能够正常配种繁殖。

（2）适时配种 母羊一般在4～8月龄达到性成熟，肉用母羊适宜在12月龄进行配种，如果在饲养管理条件好的情况下，母羊可提早进行配种，通常当初配母羊接近成年母羊体重时即可。配种一般选择在春秋两季进行，要避免近亲交配，防止在体质方面存在相同不足的种羊互配，否则会导致后代羔羊的生产性能降低。

（3）妊娠期 妊娠的前3个月妊娠前期，可以按照空怀期的要求进行饲养，供给的营养与空怀期基本相同即可，抓膘仍然是重点。妊娠后期是种母羊饲养管理中的重要时期，此时饲养管理既对胎儿的生长发育、羔羊的体质、出生重及之后的发育和生产性能有影响，而且对妊娠母羊分娩后的泌乳性能产生影响。

（4）哺乳期 羔羊主要通过母乳获取营养，出生后2个月内注意使母羊保持高泌乳量，从而满足羔羊生长发育所需要的养分，还要根据其泌乳量的多少和带羔的数量，合理进行补饲。分娩3天后，精饲料的用量要逐渐增加，同时饲喂一些青绿多汁饲料和优质青干草，促使其泌乳机能正常发挥。

66. 育肥羊引进应该注意哪些问题？

在育肥羊及生产过程中应注意以下问题：一是育肥羊的来源，要详细掌握整群羊的品种、性别比例、羔羊与成年羊的比例、健康状况、总体膘情。二是分组分群，按性别、年龄、体重、体质膘情分组定舍。三是育肥前准备，刚运回的羊只6～12小时内不要饮水，12～24小时内不要饲喂精饲料，饲喂一些质量好的粗饲草，少量饮水，逐步投喂精饲料，减少应激反应；对所有育肥羊只实施驱虫，驱虫药分为内服、皮下和肌肉注射，驱虫后3～5天进行健胃，接种羊三联四防苗、口蹄疫苗、羊痘苗等，圈舍定期消毒；育肥羊的饲喂次数每天2～3次，以3次为好。四是饲草质量，饲料转化率高，每只育肥羊每天需要的干物质用量依据羊只品种、体重而定，还与饲料的品种、质量有关；为保证育肥效果，在整个育肥过程中，必须使用全价饲料，满足其营养需要，有加工生产和技术条件的自行配料；育肥羊精饲料的粗蛋白含量不低14%～18%，育肥前期体重在20千克以下的精饲料粗蛋白的含量不能低于16%～18%，羔羊育肥中后期精饲料粗蛋白含量不能低于16%，成年羊育肥精饲料粗蛋白含量不能低于12%～14%。

67. 冬季肉羊的育肥应该注意哪些问题？

（1）做好疫病防治，尤其是做好冬季防疫，要做好“三联四防”，做好口蹄疫、羊痘、传染性胸膜肺炎、羊肠毒血症等的防疫，要注意感冒、呼吸道疾病及代谢等疾病的发生，要留心观察，发现后要及时治疗，以免造成大的损失。

（2）保证充足的饮水，必须保证圈舍内有充足清洁的饮水，每天至少应给羊饮2次水，长期饮水不足的羊会处于亚健康状态，特别是育肥后期精饲料喂量大，更需要增加饮水次数，防止水槽结冰。

（3）避免突然更换饲料，一般在育肥期间不宜对日粮进行较大的更换和变动，提前准备好充足的草料，饲料的变换，要新旧搭配，逐渐加大新饲料比例，3～5天内全部换完，粗饲料换成精饲料时，应坚持精饲料先少后多的原则，逐渐增加，以免给羊只造成应激，引发消化道疾病。

（4）要搞好羊舍卫生，保持羊舍干燥，运动场应干燥不泥泞，可以铺一些干燥沙子，尽量减少羊舍地面存水、结冰；在育肥过程中要多留心观察，发现病羊、弱羊或食欲不振羊等不正常羊只及时处理，减少和避免不必要的伤亡，尽量减少由于粗心大意和管理粗放造成的经济损失。

68. 种公羊饲养管理要点有哪些?

种公羊在羊群中所占比例虽小，但种公羊的饲养管理水平，对提高后代羊群生产水平和整个羊群繁殖性能作用巨大，具有十分重要的意义。

（1）种公羊舍应选择通风、向阳、干燥的地方，应有适当的舍外运动场，有条件的最好采用放牧和舍饲相结合的方式进行饲养。

（2）生产中要求种公羊保持结实健壮的体况、旺盛的性欲和良好的配种能力，不能过肥或过瘦。饲养员要掌握种公羊生活习性，注意经常观察其精神状态，饮水、采食、反刍及粪尿情况，有异常情况时及时处理。

（3）根据羊群中能繁母羊数量确定合理的种公羊数量，自由交配按1∶(20～30)的比例配种公羊，人工辅助按1∶(60～70)的比例进行公羊和母羊配比。种公羊配种前1～1.5个月开始采精，检查精液品质，一岁半的种公羊，采精不宜超过1～2次/天，两岁半的种公羊采精3～4次/天，注意采精的频率。

（4）要根据非配种期、配种期、配种预备期、正式配种期和配种后期等不同时期营养需要配制饲料，日粮要含有足够的青绿多汁饲料、粗饲料、精饲料，并注意合理搭配，以满足其生理要求，对于初次配种的种公羊，应在配种预备期进行诱导和调教。

69. 奶山羊饲养管理要点有哪些?

奶山羊是经过严格选育的优良奶用山羊，具有采食量少、繁殖率高、适应性强、产奶量高、有较高经济回报率的特性。

（1）怀孕母羊及羊羔的饲料需求 在孕期的最后1个月需要喂给品质优良的全价饲料，并逐步提高营养水平，使其储积更多的营养为产乳高峰做准备。羔羊出生后10～40天内喂全奶，全奶喂量应使羔羊吃饱，同时可让羔羊较早地自行采食少量易消化的优质精料和干草，有助于提羔羊消化能力。出生后40～80天，羔羊应以奶、草、料并重，草建议饲喂优质豆料类干草，料可喂大麦、燕麦、玉米、麸皮、豆饼等混合料。出生后90天左右，可以给羊羔断奶，以草料为主，并补充精料。

（2）泌乳母羊的饲养管理要点 一般采用舍饲圈养，让母羊适当运动和晒太阳，同时注意羊舍清洁卫生。日产1千克奶的羊，夏、秋每天喂5千克鲜嫩的青草，外加玉米粉0.25千克、骨粉5克、盐10克，并给予充足饮水。冬、春每天喂2千克优质干草或干花生藤或黄豆荚壳，再加玉米粉300克、骨粉5克、盐10克。随着产奶量提高，精料相应增加。如日产1.5～2.5千克奶的母羊，玉米粉应加到0.5～0.7千克/天；日产3～3.5千克奶的母羊，玉米粉应加到0.8～1千克/天。

70. 母羊的繁殖率如何提高？

在配种前应加强营养，提高配种前体重，促进母羊发情整齐，排卵质量好，提高配种率、受胎率和多胎性。加强妊娠期尤其是妊娠后期饲养管理，可以降低母羊的流产率、死胎率和死亡率，羔羊初生重量大，可使母羊泌乳力提高，羔羊生长发育快，成活率高。选留第1～2胎产羔多的母羊，再选留其所生的多胎羔羊留种，将来的多胎性也高。对常年繁殖的母羊要缩短空怀期，使母羊间隔6～7个月产1次羔，1年产2次或2年产3次，提早给羔羊断奶，由4个月改为2～3个月断奶，使母羊早发情配种，适当提早母羊的初配年龄，可使母羊一生的产羔数量增加。增加可繁母羊比例，及时淘汰出栏不留种用的小公羊和小母羊，使可繁殖母羊的在群比例达到70%以上。

71. 肉羊的标准化饲养管理要点有哪些?

我国现存的肉羊饲养场大多已转向规模化饲养，因此，在肉羊的实际生产中，应该掌握相关的饲养方式，合理控制肉羊的饲养环境，正确供应饲料，以实现标准化饲养效果。

(1) 羊舍环境的管理要点 育肥羊舍应通风良好，卫生清洁，羔羊的圈舍应铺垫一些秸秆、木屑，以保持干燥；不同日龄、不同品种、不同体况的羊需要分舍饲养，建立专门的产房和羔羊舍，羊舍的面积按每只羔羊 0.75～0.95 平方米、大羊 1.1～1.5 平方米计算，保证育肥羊只运动、歇卧的面积，每只羊应有 1.5～2.5 平方米的活动场所；设置固定饲槽和饮水用具，饲槽长度要与羊数相称，大羊的槽位应为 40～50 厘米，羔羊 25～30 厘米。

(2) 日粮饲喂与饮水管理要点 日粮中的饲料应就地取材，同时搭配上要多样化，精饲料∶粗饲料比例为 45∶55 为宜；育肥羊的饲料可用精饲料、粗饲料混合而成的日粮，育肥期间的每天每只羊需料量取决于羊只状况和饲料种类；如体重在 14～50 千克的当年羔羊分别为干草 0.5～1 千克、青贮玉米 1.8～2.7 千克和谷类饲料 0.45～1.4 千克，每天饲喂 2 次，每次投料以吃净为好；饮水要干净卫生，每天的饮水量随气温的变化而变化。

(3) 疫病防治要点 坚持预防为主、防治结合的养殖原则，加强免疫接种；每年春秋两季分别对羊群进行 1 次体内寄生虫驱虫，驱虫后要及时收集羊群排出的粪便。

72. 规模化羊场如何规划建设?

规模化羊场场址的选择应该符合国家法律、法规关于养殖场的建设规定，根据当地气候，全年主导风向和场址地势由高向低安排生活区、生产区、管理区、隔离区等。羊舍建筑应根据地形、地貌、风向、土质及周边环境确定建筑类型。羊舍的建设标准应根据羊的品种、数量和饲养方式确定，一般每只羊需用羊舍面积为：成年种公羊为 4～6 平方米、产羔母羊为 1.5～2 平方米、断奶羔羊为

0.2～0.4 平方米、育肥羊为 0.7～1 平方米，产房面积按基础母羊总数占地面积的 20%～25%计算，运动场面积为羊面积的 2～3 倍。羊舍的高度一般为不低于 2.5 米，门窗朝阳，门的宽度不小于 1.5 米，窗户分布均匀有良好的采光通风效果。羊场的附属设施包括饲料库与饲料加工车间、青贮设施及兽医室和病羊隔离室等。饲料库应干燥、通风、防鼠，一般为砖石结构，面积依饲养规模而定；干草房应地势干燥，通风排水良好，地面坚实，利于防火。青贮设施的种类有很多，青贮池多采用土窖或砖砌、钢筋混凝土建造，做到密闭、抗压、装取方便。

73. 如何减少肉羊运输应激的发生？

在运输过程中，羊的应激率、死亡率与运输时间、运输距离呈正相关，与环境条件的优劣也密切相关。因此，要提高运输环境质量也要加强运输管理，以减少肉羊的运输应激。运输前对车辆及工具进行消毒处理，调整日粮结构，饲喂适量缓解应激的添加剂，逐渐减少采食量，防止运输过程中路途颠簸带来的呕吐、反胃现象，羊只装载密度要适中，装载前要逐个检查羊只，禁止装车运输有疫病或伤残个体，尽量避免夏季高温运输，以降低死亡率，冬季运输要注意防寒保暖。运输过程中通过改善日粮的组成，添加氨基酸、油脂、无机盐离子、微量元素及维生素等成分，可以缓解疲劳应激并恢复能量，使羊只机体内电解质保持平衡，提高羊对外界干扰的适应能力，缓解运输带来的压力，改善体质，增强抗应激能力。

74. 母羊流产如何预防?

母羊在怀孕期，因受到各种因素影响，导致胎儿异常、停止发育以及妊娠中断，养殖户需要加强对母羊流产原因的分析，严格规范地进行饲养管理，结合养殖的实际情况制订预防措施，以此降低母羊流产发生率。预防羊流产应做好以下两点。

（1）做好疫病的预防 疫病是导致母羊流产最主要因素，因此，需要采取合理有效的措施进行预防，在日常饲养中，养殖场需要结合自身实际情况开展消毒和卫生等方面的管理，制订科学的免疫程序，在母羊怀孕期间不得接种疫苗。加强对寄生虫病的预防，对饲养场所进行全方位驱虫。在饲养过程中，需要密切关注母羊的动态，如出现起卧不定、腹痛不安、频繁小便、阴道流出血水等问题，可判断为流产先兆，此时需要进行保胎治疗，尽量降低流产的发生率。

（2）加强饲养管理 对母羊采取科学的措施进行饲养管理，保证营养物质的供给，按照科学的比例配制饲料，合理进行喂养。母羊在怀孕状态下对营养物质的需求量比较大，需要养殖户对日粮的具体配方进行必要调整，确保母羊和胎儿的营养需求得到充分满足，避免使用单一品种的饲料，可将不同种类的饲料搭配使用。为保证怀孕母羊的基本需求，可以饲喂维生素及青绿多汁的饲料，增加母羊维生素和微量元素的摄入量，在冬季饲喂的过程中需要提高饲料温度，避免怀孕母羊食用冰冻饲料。

75. 驴的养殖效益如何?

近几年，随着国家政策对发展草食畜牧业的大力支持，作为典型草食畜牧业代表的驴特色养殖业得到迅速发展。根据地域、养殖管理等情况不同，市场行情变动会有变化，具体收益也会有所变化。以下仅供参考。

按照育肥模式，每头驴 10 个月饲养周期效益是 1 000 元。按照繁育模式，以养殖户繁殖饲养母驴为例，每头驴产驴奶一个泌乳期收益在 2 000 元左右，6 个月驴驹收益在 4 000 元左右。如果购买幼驹育肥 6～8 个月，收益在 800～1 000 元。屠宰场（户）：扣除成本，屠宰收益一般性分割每头收益在 300～500 元（按照 37.8%的净肉率、70 元/千克的价格，驴剔骨肉 30 元/千克，驴头、驴血及内脏等副产品约 1 000 元）。阿胶产业链的一张鲜驴皮可生产阿胶 2.5 千克。

76. 驴的品种有哪些?

我国不同的生态环境、社会经济条件、饲养水平和选育方向造就了各具特色的地方品种，遗传资源相当丰富。荒漠高原、丘陵地带、山区平原均适合驴的生长，中心产区为北纬 33°～46°，广泛分布于长江以北的广大地区，西至青藏高原。根据全国第二次畜禽资源调查显示，驴的品种有蒙古野驴 1 种、藏野驴 1 种、家驴 24 种。

驴的体型外貌和生产性能各异，体高在 110 厘米以下的小型驴，分布于西北高原地区，长城内外的华北、陕北及江淮平原、川、滇地区；体高为 115～125 厘米的中型驴，分布于华北北部和河南中部地区；平均体高 130 厘米以上的大型驴，分布于黄河中下游的关中平原、晋南盆地、冀鲁平原地区。

全国分布情况，新疆驴、凉州驴、西吉驴等小型驴，分布在西部及北部牧区，属于干旱、半干旱生态类型；关中驴、晋南驴、德州驴等大型驴，分布在中部平原，属于平原生态类型；四川驴、西藏驴等小型驴，分布在西南高原，属于高原生态类型；广灵驴、泌阳驴等中型驴，分布在丘陵山地。其中，德州驴（分布于山东德州、滨州地区，河北沧州地区）、关中驴（分布于陕西西安至宝鸡地区）、广灵驴（分布于山西广灵地区）、新疆驴（分布于新疆喀什、和田、克孜勒苏柯尔克孜自治州）、泌阳驴（分布于河南泌阳地区）5个品种已被列入国家级畜禽遗传资源保护名录。

77. 驴的繁育现状如何?

我国驴的品种虽然对当地环境具有良好的适应性和较强的抗逆性，但缺乏专门的系统培育，没有形成性能优越的专门化品种，也无系谱记录、无生产性能的测定数据。怀孕期长、繁殖率低、生长速度慢等生物特性成为驴产业发展慢、驴数量下降的自然因素。正常母驴2.5岁配种，3年2胎，每胎1驹。在常见家畜中，母驴的妊娠期最长，平均达360天，基础母驴受孕率仅为60%～70%。

繁殖力低不仅导致现有驴群的扩繁速度慢，而且新品种的培育周期长。驴快速繁殖技术的匮乏已成为制约驴产业发展的重要瓶颈。由于不同的驴个体间精液品质有明显的差异，且公驴精子本身对低温胁迫特别敏感，在冷冻解冻过程中极易受损伤，因而冷藏和冷冻后的精液极大地降低了受孕率。由于驴为季节性发情，且发情时间长、排卵时间不易确定，人工授精的时机掌握不准确造成其妊娠率低。公驴每次平均射精量多达70毫升，密度较稀，需要离心浓缩等操作，会造成精子物理性损伤。因而，驴的精液冷冻技术一直未获突破，严重制约着驴冷冻精液的规模化生产和推广应用。

78. 驴长途运输应该注意哪些问题?

运输前要做好的充分准备，进行10天以上的隔离观察，凡有外伤、皮肤病、肢蹄病，出现发烧、流涕、咳嗽，以及食欲不佳和精神沉郁等的个体均不可运输。装车前要对运输车辆进行严格消毒，为防滑可铺上一些无污染的松软垫料或者厚度为5厘米左右的细沙、细土。为减少动物惊恐、激动，可视动物情况适当进行氯丙嗪预防，装车过程中不要过度鞭打、驱赶。供应干净、新鲜、无发霉变质的优质饲草料。在运输前应提高日粮中钾的含量，因运输应激反应，机体对钾的需要量提高 20～30 倍。因运输应激反应，驴合成维生素 C 的能力降低，而机体的需要量却增加，补充维生素 C 还有促进食欲、提高抗病力、抑制应激时体温升高的作用。可在日粮中添加 0.06%～0.1%的维生素 C 或饮水中添加 0.02%～0.05%的维生素 C。添加镁制剂，保障日粮中镁的含量。镁制剂可使镁离子与钙离子交换，从而降低兴奋性，研究表明，在转运前 3 天内饲喂镁含量较高的日粮，能有效减少运输途中的损失。

运输时最好选择天气状况良好，无风或微风，温度≥20℃，风速≤1.2 米/秒时进行运输。尽量避免双层运输，车辆行驶要平稳，不可急刹和提速太快，运输时速控制在 80 千米/小时左右，最好把车厢内风速控制在 3 米/秒内。

79. 驴的习性、采食及消化特点是什么？

驴本身具有热带或亚热带动物共有的特征和特性，天性聪敏，性格温驯，胆小而执拗，惧水，耐热，喜干燥，不适于生活在长期潮湿的环境，耐饥渴、抗脱水能力强（脱水达体重的 25%～30% 时仅表现为食欲减退，且 1 次饮水即可补足所失水分）。驴吃苦耐劳，易驾驭，故有“泥泞的骡子，雪里马，土路上的大叫驴”的农谚。驴属绿色畜种，驴的饮水量小，冬季耗水量约占体重的 2.5%，夏季耗水量约占体重的 5%；就采食方式上讲，驴不会严重破坏耕地和草地植被，而牛、羊一般用唇卷住草后，基本从根上将草切断，甚至连根拔起；就环境污染物甲烷的排放量来说，驴仅是牛的 1/96；在饲养采食量方面，一头驴仅相当于一头牛食量的 1/4～1/3。

驴的消化系统最显著的特点是食道狭窄，单胃，大肠特别是盲肠异常膨大，有助于消化吸收粗饲料。驴唾液腺发达，可产生 4 倍草料的唾液量进行消化，口腔生长有适宜咀嚼粗硬饲料的坚硬发达牙齿和灵活的上下唇。驴的胃贲门括约肌发达而呕吐神经不发达，

故不宜饲喂易酵解产气的饲料，容易引发胃扩张。食糜在胃中停留的时间很短，食糜是分层消化的，故不宜在采食时大量饮水，不利于消化。驴的肠道总长约 20 米，容积大，因十二指肠、空肠、回肠、盲肠、大结肠、小结肠、盲肠口径粗细不一，尤其是在大结肠，直径可达 30 厘米上，但上与回肠相接的回盲口和下与结肠相通的盲结口较小，饲养不当会引起其肠道梗塞，引发结症。大肠尤其是盲肠具有瘤胃的作用，对粗纤维的利用与反刍动物相差 1 倍以上，对饲料中脂肪的消化能力仅相当于反刍动物的 60%，因而饲喂驴应选择脂肪含量较低的饲料。日粮中纤维素含量超过 30%～40%，则影响蛋白质的消化，对生长中的驴驹和代谢较高的种驴，应注意蛋白质的供应。

80. 肉驴常见饲草料有哪些？

驴常用饲料可分为青绿饲料、粗饲料、精饲料和青贮饲料。其中，粗饲料主要特点是干物质体积大，粗纤维含量高于 18%。肉驴对草的要求不高，对饲草的利用率广泛，粗纤维消化利用率高。建议选用 2 种及以上的饲草，尽量避免单一饲草的饲喂，如能够有豆科干草和禾本科干草混合使用，则效果较理想。驴驹育肥前期，需选用蛋白水平较高的豆科干草，配以能量适中的禾本科干草饲喂，育肥后期可加大禾本科干草的含量，减少饲喂量，增加饲喂次数，加大精饲料的比例，才能有好的育肥效果。

常用青绿饲草有黑麦草、苜蓿、羊草等，特点为含水量高，粗纤维和木质素低，无氮浸出物高，蛋白质含量高，矿物质元素种类多，维生素丰富，含有大量的未知促生长因子，适口性好。驴育肥常用粗饲料包括：青干草、秸秆类（玉米秸、豆秸、小麦秸、谷秸）、秕壳类（稻壳、花生壳）和部分沼渣等，特点为：粗纤维含量高（20%～45%），消化率低，粗蛋白差异较大，体积大。驴对稻草的消化率低于50%。据测定，稻草含粗蛋白3%～5%，粗脂肪1%，灰分含量高，但钙、磷所占比例较小。对玉米秸粗纤维的消化率在50%～65%，玉米秸秆粉碎后才能使用。从营养价值上看，大麦秸比小麦秸好，燕麦秸饲用价值最高，驴对其消化能为8.87千焦/千克。消化粗蛋白及可消化总养分均较麦秸、稻草高。在禾谷科秸秆中，谷草的品质最好，是驴的优良粗饲料之一，与其他干草搭配饲喂效果更好。秸秆中以花生秸为最好，其优劣顺序为花生秸、豌豆秸、大豆秸、高粱秸、荞麦秸、谷草、稻草、小麦秸。秕壳类品质最好的是大豆荚，豆荚含粗纤维33%～40%、粗蛋白5%～10%，饲用价值好，适合养驴。谷类皮壳营养价值仅次于豆荚，棉籽壳、玉米芯适当粉碎，可与其他粗饲料搭配使用。

81. 肉驴快速育肥饲喂方法有哪些?

科学地应用饲草、饲料和管理技术，以较少的饲料和较低的成本，适当增加玉米、高粱、麦麸等含能量多的精饲料，才能在较短的时间内获得较高的产肉量和肥育率。在常规饲养的基础上，选用1.5～2.5岁的青年架子驴或不能使役的成年驴，进行短期育肥，育肥时间一般为65～80天。刚购回的驴应多饮水，多给草，少给料，3天后再开始饲喂少量精饲料，以后逐渐加喂精饲料，每头日喂3.5～4千克。饲料中豆粕20%、棉籽饼10%、花生粕20%、糠麸

20%、玉米29%、食盐1%混合，每日早、晚各1次将混合精饲料拌入饲草中饲喂，并日加喂碳酸氢钠20克。日粮中粗饲料的含量不宜超过30%～40%，每天刷拭驴体，同时让驴自由采食优质饲草，要给足饮水并限制运动。应注意，驴育肥时，特别是幼驹育肥或育肥前期，驴的日粮中要给予足够的豆类、饼类、苜蓿草等蛋白质含量高的饲料。还可利用对动物保健、生长和提高饲料转化率有促进作用的添加剂，但在育肥后期或宰前应停止使用。在正常育肥期，肉驴日采食量随育肥时间的延长而下降，可按活体重计算，日采食量（干物质）降到体重的0.9%～1.1%或更少时达到最佳育肥结束期。

82. 不同生产期驴的饲料如何配置？

刚刚出生的驴驹应尽早吃上初乳，3周左右可采食嫩草，一般在20日龄时可训练采食精饲料，可将玉米、大豆、小麦、小米等份粉碎后，煮成稀粥状饲料，并加少许糖，诱导采食。在此期间以哺乳为主，补饲料为辅，开始时每天补饲料10～20克，数日后可逐渐增加到80～100克，1月龄后增加到200克，随着月龄增加再逐渐增加到500～1 000克。精饲料配方为豆粕加棉仁饼50%、玉米29%、麦麸20%、食盐1%。一般在6～7月龄时断奶，断奶要一次完成，可补喂胡萝卜、青苜蓿、禾本科青草、燕麦、麸皮等。达9月龄日喂精饲料3.5千克，自由采食粗饲料。此阶段育肥经济上最合算。选用1.5～2.5岁的青年架子驴或不能使役的成年驴，进行短期育肥，育肥时间一般为65～80天。刚购回的驴应多饮水，多草少料，3天后逐渐加喂精饲料，每头日喂3.5～4千克。饲料中含豆粕20%、花生粕20%、糠麸20%、玉米29%、食盐1%混合，每日早、晚各1次将混合精饲料拌入饲草中饲喂，并日加喂碳酸氢钠20克。日粮中粗饲料的比例不宜超过30%～40%，每天刷拭驴体，同时让驴自由采食优质饲草，要给足饮水并限制运动。

83. 怎样进行修蹄？

蹄角质由上向下不断生长，一般平均每月生长8毫米，蹄角质的生长速度受品种、年龄、性别、健康状况、饲养管理、季节、环境条件及蹄部卫生等诸多因素的影响。

预防性和功能性修蹄，可参照荷兰奶牛修蹄法。将蹄底厚度修整至 7 毫米，暴露白线，内外侧蹄趾与白线连接部位的角质至少留 1.8 厘米厚，并与肢体的长轴成垂直夹角，蹄正面中间，从蹄冠到趾尖的距离一般为 7.5 厘米。正常蹄形削蹄后，要求前蹄的角度为 45°～50°，后蹄的角度为 50°～55°。蹄尖壁与蹄踵壁的长度比例，前蹄约为 2.5∶1，后蹄约为 2∶1。修蹄后要求蹄部负重的部位是蹄壳部（蹄白线外），修蹄时需要切除多余的蹄壳保证角度。修蹄时进行修正，使其高度低于蹄壳部以不负重。

84. 影响产奶量的因素有哪些？

动物的体型大小与产奶量有较强的相关性，体格大的动物消化大、乳房容积一般也较大，有较高的产奶潜力。产奶量的遗传力较低，受环境因素影响比较大，饲养管理是主要的环境因素之一，科学、合理的饲养管理是高产的前提。另一个重要的环境因素是环境温度，因此，夏季的防暑降温是提高产奶量的重要措施。还有一个因素是挤奶技术和挤奶次数的影响，乳房中的奶完全挤出要求在泌乳反射的前几分钟内完成挤乳过程，并且避免挤乳过程的不必要刺激。良好的挤奶技术讲求定点、定时、快速。即挤奶的时间、地点必须固定，挤奶的速度要快。泌乳细胞分泌乳汁的速度与乳腺泡的内压有关，内压小时分泌较快，内压大时分泌较慢。增加挤奶次数可使乳腺泡始终处于内压较低的状态下，有利于提高产奶量。

85. 乳房炎如何防治？

乳房炎 99％以上都是细菌入侵乳头末端，上行感染导致的。主要的致病菌包括无乳链球菌、金黄色葡萄球菌和支原体、凝固酶阴性葡萄球菌、停乳链球菌、乳房链球菌、肠球菌、大肠杆菌、克雷伯菌等。多发生在产后哺乳期，特别是泌乳期更为常见。

按乳房炎严重程度可分为三级，一级/轻度：炎症局限在乳腺内，只有乳汁出现异常，如清水、带絮、脓状；二级/中度：奶牛的乳腺出现红肿热痛的状况，但是奶牛没有出现发热、食欲不振等全身的症状；三级/重度：除了乳汁异常和乳区红肿热痛外，奶牛机体出现异常，如发热、食欲不振等。

按照不同严重程度，有不同的治疗方法，针对一级和二级乳房炎，规模化牧场主要以乳注抗生素为主，部分配合使用抗炎药，如优孢欣（头孢氨苄＋卡那霉素）＋双氯芬酸钠（非甾体抗炎药），又如头孢噻呋＋氟尼新葡甲胺等。针对三级乳房炎，除了使用抗生素和抗炎药外，还要给奶牛进行补液等，如使用浓盐（注射浓盐的牛需要能够自己喝水，否则会加剧脱水）、维生素 B_{12}、博威钙（口服补钙产品）等。乳房炎的预防，由于主要是细菌感染导致，因此需要预防细菌入侵奶牛乳头末端，主要方法有铺设足量垫料并保持垫料干燥干净，保持上下厅通道洁净，前三把奶保质保量，设备及时维护，保证真空压的大小并尽量降低真空压波动，有效前刺激，附杯时间不要过长，及时更换奶衬，保证前后药浴液的有效浓度并保证足够的附着时间，进行有效的干奶处理。

86. 什么是布鲁氏菌病？

布鲁氏菌病是一种由布鲁氏菌引起的人畜共患传染病，感染布鲁氏菌病的羊是主要传染源，其次为患病的牛、猪和犬及啮齿类动物，接触病畜为主要传染途径。此外，布鲁氏菌也可通过呼吸道黏膜、眼结膜和生殖道黏膜而发生感染。母畜和公畜患上布鲁氏菌病临床症状不同，母畜会出现流产及成活率低的问题。母畜流产后，还伴有其他疾病，如子宫内膜炎、胎衣停滞；公畜会出现附睾炎、睾丸炎等，大大降低动物的配种能力。人感染此病，主要表现为关节疼痛、多汗乏力、发热等，男性患者表现在睾丸肿大，女性患者会出现白带过多、月经不调等，严重的还会引起孕妇流产。为了防止动物患布鲁氏菌病，应加强对动物的饲养管理以及卫生管理，流行地区还应为动物注射疫苗，疫区应做好消毒、隔离、处理病畜等工作，发现病畜及时淘汰。

主要参考文献 MAIN REFERENCES

侯世忠，曲绪仙，崔红，2018. 赴美畜禽粪污无害化处理及资源化利用技术培训总结［J］. 山东畜牧兽医（39）：46-52.

侯文通，2002. 驴的养殖和肉用［M］. 北京：金盾出版社.

李学军，2019. 畜禽粪污无害化处理和资源化利用［J］. 畜牧兽医科学（4）：51-52.

刘吉山，姚春阳，肖跃强，2018. 羊病诊治实用技术［M］. 北京：中国科学技术出版社.

盛斌，2019. 牛粪的处理与资源化利用［J］. 安徽农学通报，25（11）：132-134.

孙国强，李金林，2007. 养牛手册［M］. 2 版. 北京：中国农业大学出版社.

王建民，2002. 动物生产学［M］. 北京：中国农业出版社.

王鉴波，2019. 犊牛发生腹泻的原因及综合防治［J］. 现代畜牧科技，12：115-117.

王志威，白红胜，2017. 浅谈畜禽屠宰企业废弃物的来源及处理［J］. 中国畜牧兽医杂志（2）：5-6.

张伟，王长法，黄保华，2018. 驴养殖管理与疾病防控实用技术［M］. 北京：中国农业科学技术出版社.

张永胜，2018. 秸秆青贮技术在牛羊养殖中的应用［J］. 养殖与饲料（7）：35-36.

朱荣生，成建国，黄保华，2019. 畜禽粪污减量与资源化利用技术［M］. 北京：中国农业出版社.